事例にみる
林業に活かす
J-クレジット制度

全国林業改良普及協会 編

林業改良普及双書 No.209

まえがき

再生エネルギー導入や森林管理によりCO$_2$排出削減量や吸収量をクレジットとして国が認証するJ-クレジット制度。林業経営の視点から見れば、森林由来クレジットを創出し、企業をはじめ多くの需要家にクレジットを購入してもらうことで、適切な森林管理でCO$_2$吸収量が評価され、立木販売とは別の手法で収益に結びつけることが可能になります。こうしたことから、J-クレジット制度を安定的な林業経営に活かしたいという林業関係者からも注目を集めています。

このような背景を受けて、2023（令和5）~2024（令和6）年の月刊『現代林業』誌の特集では4回にわたりJ-クレジットの取組事例を紹介してまいりました。そしてこのたび『事例にみる 林業に活かすJ-クレジット制度』と題し、林業改良普及双書として改めて最新情報に編集しまとめています。

まえがき

本書の「解説編」では、林野庁森林利用課の飯田俊平氏に、J-クレジット制度の概要、認証量や活用動向、今後の課題と展望などについて紹介していただきました。

また、「事例編」では、月刊『現代林業』誌の特集で掲載された事例を中心に、全14事例を掲載しました。事例編1では「自治体」による5事例、事例編2では「公社・団体」による2事例、事例編3では「森林組合・生産森林組合・財産区」による3事例、そして事例編4では「営利法人」による4事例を紹介しています。

J-クレジット制度に関心のある林業関係者に、ぜひ参考として役立てていただければ幸いです。

最後に本書の発行にあたりましては、林野庁をはじめ、関係する県市町村、都道府県林業普及指導事業主管課の皆様に御世話になりました。ここに御礼を申し上げます。

2025年1月　全国林業改良普及協会

目次

解説編

中山雄二　前・北海道中標津町農林課　林務係長

福島県喜多方市
喜多方市におけるJ－クレジット制度の取組

久保　隆　福島県喜多方市産業部　農山村振興課　森林整備係長

岡山県西粟倉村
村の「百年の森林(もり)事業」にJ－クレジット制度を活用
西粟倉村百年の森林(もり)CO_2吸収プロジェクト　80

妹尾辰郎　岡山県西粟倉村　産業観光課　主事

事例編2　公社・団体

事例編４　営利法人

解説編

森林分野J-クレジットの概要と今後の期待

林野庁　森林利用課　森林吸収源企画班
課長補佐
飯田 俊平

はじめに

Ｊ－クレジット制度（以下、「Ｊクレ」という）は、再エネ・省エネ設備の導入によるCO_2などの温室効果ガスの排出削減量や、森林経営を通じたCO_2の吸収量を評価し、クレジットとして付与する制度であり、２０１３（平成25）年度に開始されたものである。森林分野のＪクレについては、制度開始以降、プロジェクトの登録件数およびクレジットの認証量は微増傾向が続いていたが、近年は、いずれも急激な伸びをみせている。その背景として、森林・林業分野の関係者にとって、クレジット販売が新たな収益源となり、森林整備の費用を捻出できる手段となることへの期待が考えられるが、クレジットの需要者となるエネルギー関連事業者や製造業者においても、排出削減対策と地域貢献等を同時に訴求できるものとして森林Ｊクレへの関心が集まりつつある。本稿では、読者の皆様に森林Ｊクレへの理解を深めていただくため、Ｊクレ制度の概要、森林Ｊクレのポイントや動向、今後の展望などについて解説したい。

Ｊ－クレジット制度の概要

Ｊクレ制度において、プロジェクトの実施者は、取組ごとに満たすべき要件や算定対象、算定方法などが定められた方法論に従ってプロジェクトを登録し、その実施により達成された排出削減や吸収の実績に対して認証を受けることで、クレジットが付与される。方法論は合計71（２０２４〈令和６〉年11月末時点）、このうち森林分野は森林経営方法論、植林活動方法論、再造林活動方法論の３つがあるが、登録プロジェクト２１０件のうち、２０７件が森林経営方法論、３件が再造林活動方法論となっている（図1、各方法論のイメージ）。

付与されたＪクレは、需要者との間で取り引きを行うことが可能であるが、プロジェクト実施者にとっては、クレジット収入により更なる森林整備が行えることはもとより、需要者との間で単なるクレジット取引関係を超えた連携につながり、新たなビジネスモデルが生み出されるといったメリットも実感されている。需要者にとっては、カーボン・オフセットのみならず、環境保全や地域貢献等、企業としてのＰＲなどがメリットとなる。

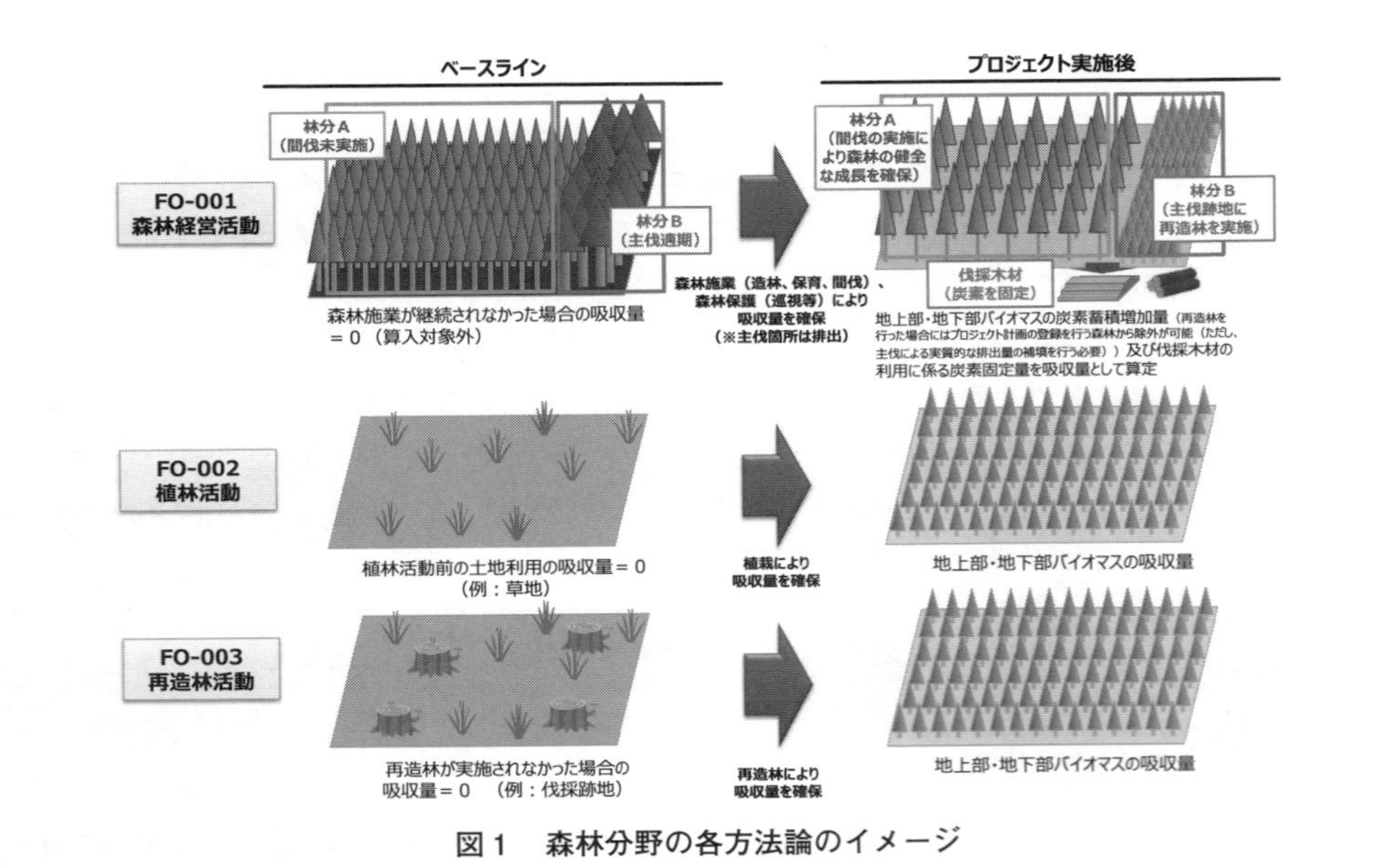

図１　森林分野の各方法論のイメージ

森林Ｊクレを理解するためのキーワード～永続性

　Ｊクレ制度でプロジェクト登録するためには、方法論のみならず、実施要綱、プロジェクト実施規程、モニタリング・算定規程などの上位文書に定められた規定を理解する必要がある。いずれも難解な文書であり、Ｊクレ制度に参加しようとする者にとって大きなハードルであるが、クレジットは最終的に需要者が投資家等に対してオフセット等、環境価値を主張できることを目的として有償で取り引きされるものであり、その名のとおり、「信頼性」が求められることから、詳細なルールが設けられている。信頼性を担保するための具体的な運用方法としては、Ｊクレ制度全体として国際規格のＩＳＯに準拠することとされており、プロジェクト登録前の妥当性確認時には、その計画が要件に合致したものであるか、検証時には吸収量などが定められた方法に即して保守的に算定されているかなどについて、第三者機関による審査を受ける必要がある。

　とりわけ森林分野の方法論は、他の分野と比較してもルールが詳細に定められているが、その要因は、第一にクレジットを生み出す森林が多種多様であるため、算定に用いる変数が多くなること、第二に「永続性」がある。森林吸収量の算定に当たっては、森林簿情報や現地測量結果をもとに算定対象となる森林の年間の蓄積変化量を算出する必要があるが、林小班ごとに樹種、林齢、地位、面積、蓄積成長量などの属性情報や数値が異なるため、計算過程はそれぞれの林小班毎の積み上げとなり、入力シートは非常に複雑になる。面積は基本的に実測結果を使う必要があり、地位の判定は樹高の測定結果から改めて行う必要がある。森林簿情報と現況森林の樹種が異なる場合には、審査機関から指摘されて修正を求められる場合もある。ちなみにエネルギー分野のプロジェクトにおいては、設備の基本性能や仕様が一定であれば、その運用実績に関する数値、例えば稼働時間数などにより、比較的単純に削減量を算定することが可能であり、審査行程も少なく済む。

第二の要因の「永続性」とは、化石資源の使用量を削減したことでクレジットが生み出される排出削減系の方法論と異なり、植物の光合成による成果を評価する森林等自然分野の方法論において固有の制度的要求事項である。クレジットの対象となった森林のCO_2吸収量は、その森林が炭素を固定し、樹木等に貯蔵し続けることによって、その環境価値が維持されるが、ひとたび自然災害等で森林が喪失してしまうと、森林が貯蔵した炭素は再び大気中にCO_2として戻ってしまうため、評価された環境価値も喪失することとなる。このため、森林分野の方法論では、「永続性」を担保するためにプロジェクト実施者が取り組むべき手続きなどを定めており、例えば森林経営活動方法論においては、認証対象期間が終了して以降の10年間、森林経営計画が継続的に作成されていることを報告しなければならない。

森林Ｊクレ認証量の動向

近年、森林分野のＪクレはプロジェクトの登録件数と認証量がともに急激に増加している（図2、3）。特に2020（令和2）年のカーボンニュートラル宣言が局面の変化をもたらしたことが見て取れる。森林・林業関係者のＪクレへの関心の増大に応えるべく、制度管理側においても、従来の方法論や規定を見直し、現場での取組を後押しするための様々な措置・支援策を講じている。特に大きな制度改正として、地位を特定するための樹高の計測方法として、従来は標準地調査を義務付けていたが、航空レーザ計測の解析結果の活用が可能になったこと（2021〈令和3〉年）、プロジェクト登録に当たっての追加性の確認要件（収支が赤字であることの証明）の緩和、再造林推進のための新たな吸収量算定ルールの導入、伐採木材の永続的な炭素固定量および天然生林（制限林に限る）の吸収量の算定対象への追加、再造林活動方法論の新規策定（いずれも2022〈令和4〉年）などが挙げられ、現在では、それらのルールの活用が

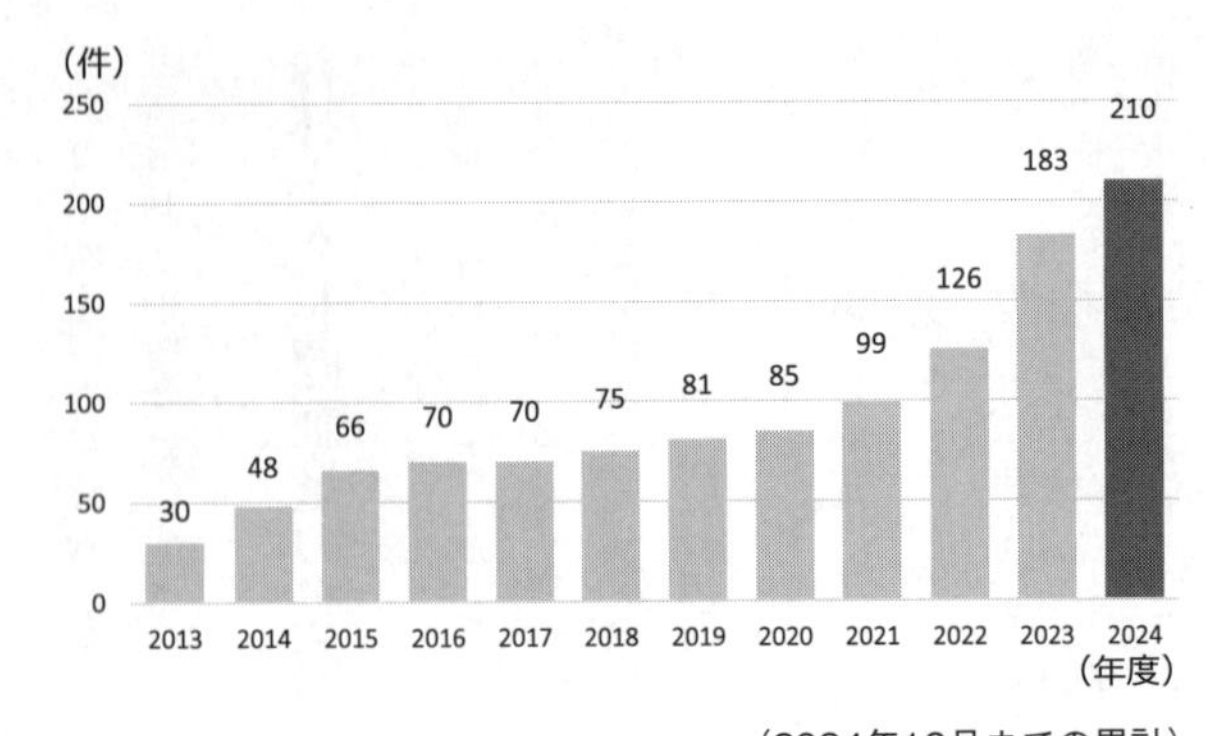

(2024年10月までの累計)

図２　森林分野のプロジェクト累計登録件数

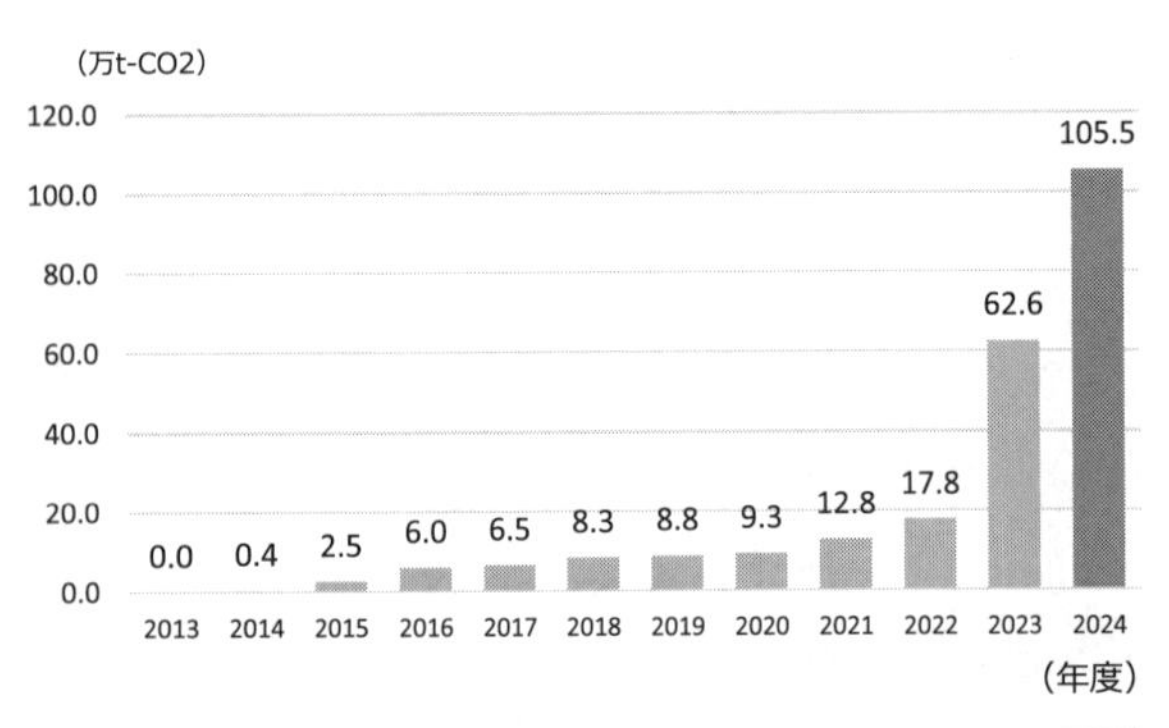

(2024年10月までの累計)

図３　森林由来Ｊ-クレジットの累計認証量

広がっている。モニタリング技術やデジタル活用技術等の進展に応じ、クレジット制度としての信頼性の担保は前提であるが、使い勝手のよい制度に改めていくための努力は今後も行っていく予定である。

多様化する森林Ｊクレの活用動向

Ｊクレの取組を継続させるためには、Ｊクレの販売先となる需要者を見つける必要がある。制度開始初期には、売り先のあてがないという理由でＪクレの創出を諦めてしまうケースもあったようだが、最近では、Ｊクレ創出を検討する段階で具体的な販売先についても併せて検討するなど、販路を確保するための取組も広がっている。

Ｊクレの販売方法や活用方法も多様化している。販売方法については、相対取引が基本であるが、最近では、将来的に認証されるクレジットを見込んで年間当たりの販売量を定め、複数年の契約を行う事例も見られる。また、地方銀行などクレジットの販売仲介を行う主体が多様化しているほか、クレジットの創出から販売まで一貫してサポートするサービスを提供する事業者も増えている。さらに、東京証券取引所においてＪクレを市場取引するカーボン・クレジット市場が開設されているほか、オンライン上でのクレジットの取引プラットフォームもいくつか立ち上がっている。

森林Ｊクレの活用方法としては、製造時の排出量を森林Ｊクレでオフセットした商品などは、これまで、どちらかと言えば自主的な社会貢献活動の意味合いが強かったように思われるが、最近では、多排出事業者がどうしても削減できない排出量（残余排出）のオフセットとして森林Ｊクレの継続的な調達を企業戦略に位置付けたり、オフセット商品・製品をブランディングやマーケティングに活用したりするなど、イメージの転換を図るような事例も見られる。加えて、２０２６年度以降、ＧＸ-ＥＴＳ（排出量取引制度）の本格稼働も予定されており、多排出事業者によるＪクレへの需要がさらに拡大することも見込まれる。

このように販売方法や活用方法が多様化しているのは、政策的な後押しのみならず、森林Ｊクレの広がりとともに様々な関係者から、様々なアイディアが出されていることが背景にあると思われる。森林Ｊクレを創出する事業者と活用を図る事業者の双方が、今後も森林Ｊクレを有効に活用し、森林整備の推進と脱炭素経営の発展が図られることを期待したい。

今後の課題と展望

森林Ｊクレはここ数年で急速に普及しているが、さらなる拡大のための課題の1つとして、小規模所有の森林の取り込みがある。現在、登録されているプロジェクトの多くは、自治体や企業など、一定規模の森林を所有する主体によるものであるため、認証量をさらに拡大していくためには、小規模所有の森林をとりまとめる林業事業体等による取組を広めていくことが課題である。また、前述のとおり、取引と活用の多様化が進んでいるが、森林Ｊクレが適正な価格で取引されるためには、生物多様性保全機能など、森林プロジェクトの持つ非炭素プレミアム価値の訴求手法を広めることにより、取引量をさらに増やすことも重要な課題だと考えている。

２０５０年ネットゼロの実現のためには、まずは社会全体として排出削減を行うべきであるが、残余排出に対しては森林吸収源をはじめとする、吸収・除去による貢献が必須となる。そのような中、森林Ｊクレに期待される役割も大きく、引き続き、制度の普及や情報の発信に努めてまいりたい。森林Ｊクレの詳細な手続きや解説資料については、林野庁ホームページも参考にしていただきたい（図４）。

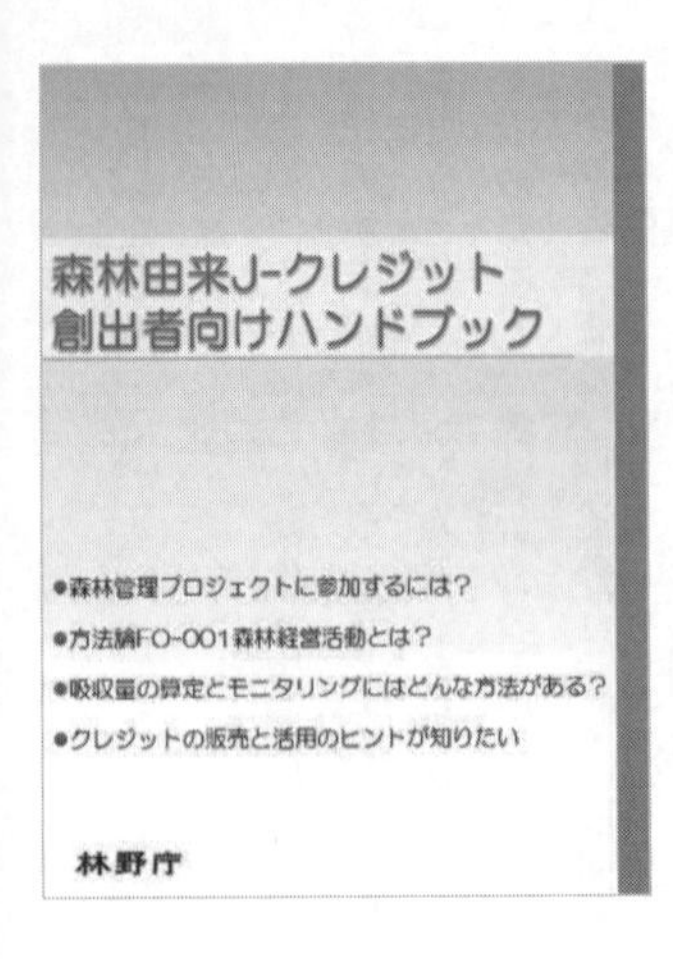

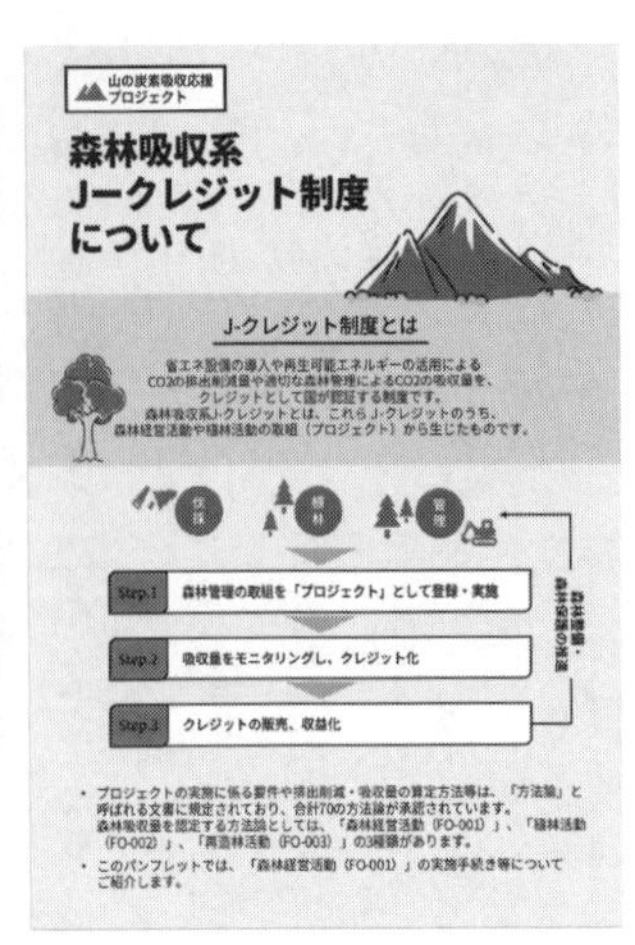

林野庁　J-クレジット制度HP

図４　森林由来Ｊ-クレジットの解説資料

事例編 1

自治体

静岡県

北海道美深町

北海道中標津町

福島県喜多方市

岡山県西粟倉村

静岡県

静岡県におけるJ-クレジット創出支援
ノウハウ普及・交流会による創出者と需要者の連携促進

吉永　章人／静岡県経済産業部　森林・林業局　森林計画課

はじめに

静岡県は、県土の3分の2を森林が占め、天竜美林、ユネスコエコパークを構成する南アルプスの天然林、世界文化遺産である富士山の麓に広がるヒノキ林、天城を中心とする伊豆の森林など、多様で豊かな森林が育まれています。このうち、スギ・ヒノキの人工林は約6割となっており、全国平均の人工林率を大きく上回っています。

取組の背景

Ｊ-クレジットは、「省エネルギー設備の導入」「再生可能エネルギーの導入」「適切な森林管理」等の取組による二酸化炭素などの温室効果ガスの排出削減量や吸収量を「クレジット」として認証する制度です。

このうち、森林由来のＪ-クレジットは、森林経営の新たな収入源として、適切な森林整備を進める手段になることが期待されています。また、企業側も排出した二酸化炭素量をクレジットで相殺できることから、大企業を中心に購入の意欲が高まっています。このため本県では、静岡県産業成長戦略２０２３において、「ＧＸの推進」※を重点テーマに位置づけ、森林由来のＪ-クレジット創出を支援しています。

※ＧＸ（グリーン・トランスフォーメーション）：脱炭素社会に向けて再生可能なクリーンエネルギーに転換していく取組

キックオフセミナーの開催

静岡県産Ｊ-クレジット創出に向け、まずは制度の周知や林業関係者等の意識醸成を目的に、

2023（令和5）年5月にキックオフセミナーを開催しました。林野庁森林利用課や、既に県内の森林でJ‐クレジットの認証を取得している日本製紙株式会社を講師にお招きし、セミナーや意見交換会を行ったところ、こちらの想定を上回る約120名の参加があり、J‐クレジット制度への関心の高さがうかがえました（写真1、2）。

参加者は、J‐クレジットの認証を取得するためには、中長期的な視点で持続的に森林を管理・経営することが前提となっていること、プロジェクト登録は森林経営計画単位で行うことなどの基本事項を理解することができました。

セミナー後の林業関係者と講師との意見交換では、「プロジェクト申請業務にはどれくらい労力がかかるのか」等といった、より具体的な質問に対し、講師の実体験を基に、参加者間で議論がなされました。また、事後に行ったアンケートでは、「制度が複雑に感じたので、更なる勉強の機会を創出して欲しい」などの声が寄せられました。

県が自ら取得しノウハウを普及

本県ではJ‐クレジットの認証の取得事例や取得ノウハウが少ないことから、下田市の稲梓（いなずさ）

写真１　キックオフセミナーの様子

写真２　講師との意見交換会

写真３　適正に管理された稲梓県営林

県営林において、県自らが取得することで、普及のモデルとなる取組を進めています。

稲梓県営林では、１９０８（明治41）年に森林所有者と造林契約を締結後、県がスギやヒノキを植林し、現在に至るまで間伐等の適切な森林管理と木材生産を行ってきました（写真３）。

２０２３（令和５）年度は、本県営林を対象としたプロジェクト登録を行い、その内容は、吸収量の対象森林面積約１４２ha、認証対象期間８年間とし、総吸収量は４７６４t-CO_2となっています。２０２４（令和６）年度は対象森林のモニタリングを行い、クレジットの発行と売却を行う予定です。この取組を通じて県が得た登録やモニタリングに関する知識、ノウハウは、セミナーなどを通じて県内の林業関係者等と随時共有していきます。

モニタリングにおける地位の特定

Ｊ-クレジットを取得するためには、森林の地位の特定が必要となります。従来の手法では、現地にプロットを設置し樹高の計測等を行う必要がありましたが、２０２１（令和３）年８月の制度改正により、航空機やドローンからレーザーで樹高を調査することが可能となりました。

本県では、航空レーザー測量により取得した県全域の３次元点群データ「ＶＩＲＴＵＡＬ　ＳＨＩＺＵＯＫＡ」を、誰もが使えるオープンデータとして公開しています。このデータを解析することによって、樹高を簡易に算出することができます。

また、県内のスギ・ヒノキの人工林のうち、約半分は県による解析が完了していることから、クレジット創出者は県から解析済みの樹高データの提供を受けるだけで、地位の特定が可能となっています。なお、地位の特定に必要なスギ・ヒノキの地位指数曲線についても、県ホームページで公開しています（図１、２　二次元コード参照）。

図１　「VIRTUAL SHIZUOKA」とは

図２　森林分野におけるＪ－クレジットの取組

静岡県ホームページより

クレジットの創出者と需要者をつなぐ交流会の開催

Ｊ-クレジット制度を効果的に活用していくには、創出者に係わる負担軽減やクレジットの売却先の確保が課題となっています。このため、２０２４（令和６）年２月に創出者、創出支援、取り引きの意向を持つプロバイダーや企業等との交流会を開催しました。

参加者約２６０名のうち、林業関係者が約３割、企業が約４割、行政や団体が約３割となり、また、静岡県外からも多くの方にご来場いただきました。

交流会の内容は、経済産業省関東経済産業局による「ＧＸ実現に向けた基本方針と国の動向」

や、元Ｊ－クレジット制度運営委員会委員の丸山氏による「森林分野のＪ－クレジット」の講演をいただいたほか、２０２３（令和５）年度にプロジェクト登録の取組を進めた県内の自治体や林業関係者による事例発表を行いました。

また、交流会のメインとなる各団体と企業のプロモーションブースは、クレジットの創出者となり得る森林・林業関係者はもちろんのこと、３次元点群データの解析を得意とする県内外のベンチャー企業、創出や取り引きをサポートするプロバイダー、クレジットを活用したい需要者など、クレジットの創出から活用までに関連する関係者のブースが集結しました。特に森林・林業関係では、Ｊ－クレジット制度と親和性の高い森林認証制度や、全国林業改良普及協会による林業全般のＰＲも行ったほか、県のブースでは創出者向けに森林吸収量の算定デモや、プロジェクト登録に必要な森林収穫マスタの配布などを行いました。

交流会では、参加者がオープンな空間で積極的に名刺交換、意見交換をする姿が見られました。「セミナーやウェビナーはたくさんあるが、交流会という形での開催はあまりなく有意義だった」「林業関係者から話を直接聞くことができて、課題が整理できた」「多くの方と顔を合わせることができて、他業種の方とのつながりが少ない林業会社にとって貴重な機会だった」などの声が聞かれ、その後、実際に民間でのクレジット創出に結びついている事例も確認しており、異業種間交流が進んだと評価しています（写真4、5）。

交流会の事後アンケートでは、今後も取組を継続して欲しいとの要望を多くいただいたことから、２０２４年度も引き続き情報提供・交換の場を提供していきたいと考えています。

取組の成果

２０２３（令和5）年度から本格的にJ‐クレジット制度の周知と活用支援を行った結果、県内でのプロジェクト登録件数は、２０２４（令和6）年6月現在で11件となり、２０２２（令和4）年度末の2件から大幅に増加しました。２０２４年度もプロジェクト登録やクレジットの発行に取り組む事業者があることから、今後は売却までを含めた好事例について、情報収集および横展開を図っていきます。

おわりに

森林由来のJ‐クレジットは、適切な森林管理の取組による二酸化炭素の吸収量をクレジッ

写真４　交流会場は多くの人で賑わった

写真５　積極的な意見交換が行われた

トとして認証するものです。

適切な森林管理とは、「植える→育てる→使う→植える」といった森林資源の循環利用そのものであり、吸収機能の高い森林は5～6齢級程度のいわゆる「若い森林」です。現在の県内におけるJ-クレジット制度の活用は、間伐の推進等による森林経営活動方法論（FO-001）が主体となっていますが、吸収量の算定対象となる森林の大半は既に伐期を超えていることを考えると、クレジットの売却益を山側に還流させ、主伐・再造林および保育に係わる費用の負担を軽減するなど、持続的な森林経営につなげていくことが重要であると考えています。

一方、県内の森林の所有形態は、小規模の私有林が主体となっており、クレジットの創出には合意形成に多くの時間と労力を要するなどの課題もあります。

県では、引き続きJ-クレジット制度の周知と活用支援に取り組むとともに、森林の有する公益的機能や森林整備の重要性をクレジットの需要者に理解いただき、森林クレジットの価値を高めていくことで、所有森林の規模を問わず、林業関係者が林業経営の新たな収入源として、J-クレジット制度活用に積極的に取り組むことができる環境を整備していきます。

北海道美深町
美深町におけるJ－クレジットの活用
地域密着型の循環モデル構築とクレジットへの付加価値創造

小倉　浩揮／北海道美深町建設水道課　建設林務グループ耕地林務係長

美深町の概要

北海道北部、稚内市と旭川市のほぼ中間に位置する「美深町」。アイヌ語で「ピウカ（石の多い場所）」と呼ばれていた町の中央には、全国で第４位の長さを誇る大河「北海道遺産」天塩川が悠々と流れ、東側に名峰函岳を有する北見山地、西側には天塩山地が連なる広大な森林に囲まれた水と緑あふれる自然環境と調和した美しい町です。

冬期は最深積雪が150㎝を超える特別豪雪地帯に指定されており、内陸性の気候の影響により寒暖差が激しいのが特徴です。1931（昭和6）年、本町の委託観測所において国内最低気温となるマイナス41・5℃を記録しています。また、夏期の過去最高気温36・6℃との寒暖差は78・1℃となり、国内の最高記録となっています。

1899（明治32）年の開拓から始まり、大正・昭和と時代が流れ、林業が盛んな町として発展してきました。また農業では、豊かな自然に育まれた沃野で稲作、畑作、酪農畜産を中心に生産性の高い安定した営農と付加価値の高い製品生産の確立に取り組んでいます。特産品はカボチャやキャビアなどがあり、最近ではシラカバ樹液を使用したクラフトビールが人気です。

美深町の森林・林業

本町は総面積6万7209haの広大な町域を有し、その町域の約86％が森林で占められています。内訳は一般民有林約6000ha、道有林約5万1700haとなっています。そのうち、カラマツおよびトドマツを主体とした人工林面積は約1万4000ha、人工林率24％と、北海道平均の約27％を下回っています。また、道有林を除く民有林の人工林面積は約３５００haで、人工林率58％となっています。人工林の大半は利用期を迎える林分であり、今後は主伐を見据えた間伐を適正に実施していくことが重要です。

本町の森林は、林業生産活動が積極的に実施されるべき人工林と、広葉樹と針葉樹が混交する天然林がモザイク状に配置された林分構成となっています。また、森林に対する住民の意識・価値観が多様化し、求められる機能が多くなっていることから、それぞれの地域に合った森林整備を進めていくことが必要です。

本町では、施策として林業従事者の健康診断や高性能林業機械購入等の費用に対する助成、町有林におけるＳＧＥＣ森林認証の取得など、地域の活性化に取り組んでいます。また、持続可能な森林資源の活用を図るとともに、豊かな森林を子ども達の未来に残していくために、町有林の造林、保育事業を進めています。

２０２１（令和３）年に美深町立仁宇布（にうぷ）小中学校が完成し、大型木造建築物では認証材を高い割合で使用した全国初となる取組です。使用した認証材は町有林や道有林から産出されたもので、子ども達は地元美深で育った木のぬくもりに包まれながら学ぶことができます。また、校舎の建築材料となる木材の伐採現場や地元製材工場において生徒対象の見学会を開催し、森

写真1　SGEC森林認証材を72%以上使用した美深町立仁宇布小中学校

林資源の循環利用の大切さの普及にも取り組んでいます（写真1）。

排出削減プロジェクトで地域密着型の循環モデル事業を構築

町内外から多くの人が訪れる宿泊施設「びふか温泉」では、従来使用していた重油ボイラーから木質バイオマスボイラーへの転換を図ることでCO_2の排出を削減し、クリーンなまちづくりを目指してきました。これをサポートするため、本町・町内林業関係団体で構成された協議会・北海道の3者で協定を締結し、原料の安定供給を図っています。さらに道有林・町有林からの原料調達、チップ製造・保管、販売、熱利用まですべて町内で行い、資金を町内で循環させることで産業活性化にもつながっています。また、町立美深中学校では太陽光発電設備を導入し、系統電力を代替えすることで省エネルギーとCO_2削減を進めています。この取組はＪ-クレジット制度の「排出削減プロジェクト」として登録しており、Ｊ-クレジット制度の普及やＪ-クレジットを使った地域活性化を目的に、循環モデル事業として北海道で初めて実施しています。

事業概要は、Ｊ-クレジットの仕組みを活用し、CO_2排出削減・吸収量をクレジットとしたことを見える化した「カーボン・オフセットシール（CO_2-1kg分）」が添付された地場産品を、消費者が購入することで地球温暖化対策への貢献を実感し、環境負荷を考慮した行動を取る契機となることを目的としたものです。本町では、美深町内（びふか温泉、美深中学校）で創出したＪ-クレジットを「カーボン・オフセットシール（CO_2-1kg分）」として地元の道の駅に販売。シールを地元商品に貼付し、道の駅やイベントで消費者に商品を販売することで、排出削減プロジェクトを通じて消費者自身が地球温暖化防止に貢献する仕組みとしています。地域において資金循環することで、地域活性化につなげていく取組です（図）。

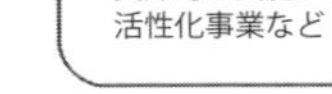

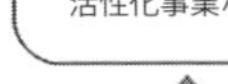

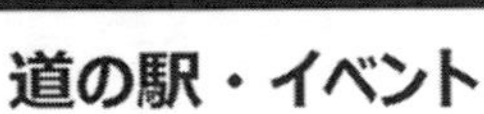

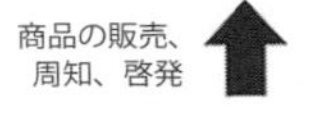

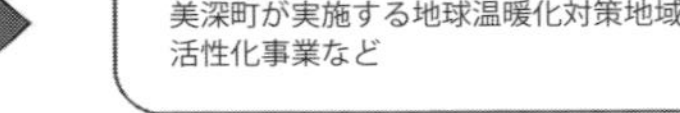

図　モデル事業のスキーム

出典：Ｊ－クレジット制度事務局ＨＰ

企業とのつながりをきっかけに森林由来のＪ-クレジットを創出

自動車製造で知られる㈱ＳＵＢＡＲＵ（以下、ＳＵＢＡＲＵ）が１９９５（平成７）年にテストコースを本町に設立して以来、本町と友好な関係にあり、様々な活動にご協力をいただいています。２０１７（平成29）年には「森林保全活動に関する協定」を締結しました。具体的には、①本町主催の植樹祭にＳＵＢＡＲＵ社員が参加、②苗木代の寄付、③町内にあるＳＵＢＡＲＵ社有林から産出される木質バイオマス材を公共施設へ無償提供、④北海道自然環境保全地域に指定される「高層松山湿原」の環境整備を目的とした企業版ふるさと納税となっています。

これらの活動がきっかけとなり、２０１９（令和元）年にＳＵＢＡＲＵと「Ｊ-クレジット制度活用に関する合意書」を締結し、本町が創出する森林由来のＪ-クレジットを毎年７００ｔ-CO_2以上購入していただくことになりました（写真２、３）。

美深町森林吸収プロジェクトの概要

森林由来のＪ-クレジットを創出する前に販売先が決定しましたが、クレジットを創出する

写真２　美深試験場テストコースと周辺の森林

写真３　調印式の様子

右：山口信夫美深町長（当時）、
左：SUBARU 執行役員齋藤勝雄（当時）

ためには、まずプロジェクト登録をする必要があります。本町は、森林におけるオフセット・クレジットを活用した経緯がなく、初めてのＪ-クレジット制度の活用となりました。当時は道内でＪ-クレジット制度に取り組んでいる自治体等が少なく、手探り状態での開始となり情報収集に苦労しました。そのため、Ｊ-クレジット制度事務局が開催する制度説明会等に出席して情報収集を行いました。そして、森林経営計画を策定している町有林の全体を対象として、２０１９（令和元）年10月に「美深町森林吸収プロジェクト」が登録されました。

本町では、これまでも町有林一円において、自ら所有している森林の面積が１００ha以上であることを要件とする属人計画による単独の森林経営計画を策定し、森林整備・森林経営を進めてきました。そのため、当プロジェクトは町有林をフィールドとして、森林経営計画に沿った森林整備によるCO_2吸収量で創出されるクレジットを活用し、地球温暖化防止に貢献する森林づくりを実施するとともに、行政と民間事業者との連携により地域振興の推進を図る目的としました。

当プロジェクトに登録されている森林面積は、町有林の全面積に及ぶ約１０００haで、人工林約５００ha、天然林約５００haです。人工林のうち樹種はトドマツが４割、アカエゾマツが３割、カラマツ類が１割となっており、残りがシラカンバなどの広葉樹です。

クレジットが創出される認証対象期間は2019年度から2026(令和8)年度までの8年間とし、クレジットの発行量は8年間で約1万2000t-CO_2を計画しています。なお、主伐を実施すると排出量として吸収量から差し引くことから、新たに主伐を実施すると計画値よりも減少となる可能性があります。

プロジェクトの登録だけでクレジットが発行されるわけではなく、モニタリング報告書を提出する必要があります。モニタリングの対象森林は約300haで、沢地や疎密度が著しく低い森林は除外して選定しました。樹種はトドマツが5割を占め、アカエゾマツが3割、残りの2割がカラマツ類やミズナラなどの広葉樹です。齢級はⅢ、Ⅶ、Ⅹ齢級が大半を占めており、利用期を迎えている状況です。

「BIFUKA AIR」としてクレジットに付加価値を創出

このようにしてクレジットの創出を行いましたが、商品として売り込んでいくためには、炭素吸収以外の付加価値が重要だと考えています。そこで次のような取組により、付加価値を創造しています。

○クレジットの売上げで植樹や森林浴などの森林環境教育を実施し、未来を担う子ども達へ森林の持つ多面的機能や持続型社会の形成の重要性を知る機会を創出

○当プロジェクト内の森林認証材を使用した公共施設の建築や内装木質化を図り、脱炭素社会の実現に向けた木材利用を促進

○当プロジェクト内に生息する絶滅危惧種に指定されているオジロワシの営巣について、研究機関と連携しながら慎重に森林整備を進め、森林生態系に配慮した環境保全に努める

○当プロジェクト内から産出された未利用間伐材をびふか温泉のバイオマスボイラー原料として供給し、冷泉加熱や施設暖房を行い、町内外を問わず憩いの場として提供

このようにして付加価値を高めたクレジットは、美しい深緑が創り出す空気の意味を込めて「ＢＩＦＵＫＡ ＡＩＲ」と名付けました。

クレジットの販売・活用実績

２０１９～２０２２（令和元～４）年度までの吸収量５１１８t-CO_2をクレジットとして発行済みで、必要に応じて順次発行していくこととしています。

これまでに北海道内外の事業者に延べ8件購入いただいており、合計２１１２t-CO_2が販売済みです。購入事業者は、協定販売に基づく定期購入のＳＵＢＡＲＵのほか、販売仲介事業者にも購入いただいております。

この販売仲介事業者が購入したクレジットの活用者は日本航空㈱（以下、日本航空）が含まれており、「ＪＡＬカーボンオフセット」プログラムで活用されるクレジットの中には、国内では唯一の調達先として本町のクレジットが含まれています。このプログラムは、乗客が良質なカーボンプロジェクトに認定されたカーボンオフセットを購入することで、航空機の利用による二酸化炭素排出量をオフセットできる気候変動対策プログラムです。プログラムの販売に向けてカーボンオフセットの収益がどのように使用されているか購入者に示すため、日本航空から取材の依頼があり、40年以上の歴史ある本町主催の植樹祭を取材していただきました。

２０２２（令和4）年度開催の植樹祭では、町内小学生や住民、ＳＵＢＡＲＵ社員、日本航空社員等70名が参加し、生態系に配慮したミズナラを植栽しました（写真4）。

報道機関においても道内外から10社以上の取材があり、本町の木育活動が大きくＰＲできたと思っています。また、ＳＵＢＡＲＵより苗木代の寄付のほか、町内にあるＳＵＢＡＲＵ社有林から産出された間伐材を使用したコースターやカスタネット、自動車製造工程で使用されな

写真４　植樹祭の様子

かった糸から作成された手袋の配布等、資源を有効活用する取組により参加者へＳＤＧｓへの意識づけを図りました。

森林クレジットの成果

森林クレジット創出により、思いがけない成果もありました。日本航空が来町された際、ＳＧＥＣプロジェクトＣｏＣ全体認証を取得した仁宇布小中学校が本町の取組として取材されました。その際には、生徒達に対して企業概要やマナーに関する授業を行っていただき、普段はなかなか経験できない貴重な機会となりました。生徒達からは大変好評で、職業選択の視野が広がったと感じています。

また、林野庁が主催する「森林×脱炭素チャレンジ２０２３」の「森林づくり部門」において、本町の企業と連携した取組が評価され、応募総数50件の中から、自治体としては唯一となる「優

写真５　「森林×脱炭素チャレンジ 2023」で林野庁長官賞を受賞

秀賞（林野庁長官賞）」を受賞することができました（写真５）。長年にわたって取り組んできた本町の森林づくりが評価いただけたことは大変うれしく思っており、協力してくださった関係者の皆様へこの場を借りて感謝申し上げます。

今後の展望

本町では、２０５０年を目標にCO_2の排出ゼロを目指すゼロカーボンの推進に努めており、２０２２（令和４）年度に「ゼロカーボンシティ宣言」を行ったところです。

森林クレジットを取り巻く状況は、同年８月の制度の大幅な見直しにより、取組に対する期待がこれまで以上に高まっていると感じています。これまで、プロジェクトを開始した当時は、吸収量を確保するために排出量の計上が大きい主伐は見合わせなければならない状況であり、

「伐って、使って、植えて、育てる」という林業の循環システムの確立が困難でした。しかしながら、制度の見直しにより主伐を実施後に着実な再造林を行うことで排出量を抑制できるため、林業の循環システムの中でクレジットの創出が可能となりました。実際に初めてクレジットを創出した当時よりも、創出側・需要側問わず問い合わせを多数いただいています。

クレジットの販売収入の全額を町有林の森林整備や本町主催の植樹祭に充当しており、今後は従来の造林用カラマツに比べ、炭素固定量が高いクリーンラーチの植栽や未整備森林の解消に向けた森林整備を実施することによってゼロカーボンの実現を目指します。

また、植樹祭を通じて未来を担う子ども達の次代に引き継いでいける森林づくりを進めます。そのためには、森林の持つ多面的かつ公益的機能の発揮を目指した森林づくりを関係者の皆様と連携して取り組んでまいります。

北海道中標津町（なかしべつちょう）

町内外からの継続的なクレジット販売で地域の森林を守る

市町村によるJ-クレジットの活用

中山　雄二／前・北海道中標津町農林課 林務係長

中標津町の森林の現況

北海道の東部、根室振興局管内に位置する中標津町は、面積6万8487ha、東西約42km、南北約27kmに及ぶ広大な面積を有しています。人口約2万3000人に対し、乳用牛の飼育頭数は約4万5000頭と、「人より牛が多い町」。2014（平成26）年には、全国でも史上初の「牛乳で乾杯条例」が施行された、酪農の町です。

東京から直行便で結ぶ中標津空港に降り立つ直前、町の上空から見える風景は、そんな酪農

写真1　上空から見た格子状防風林

王国・中標津の姿がはっきりと現れています。知床半島から連なる山々を眺め、地平線の向こうまで広がる牧草畑。その薄緑のキャンバスに描いたように、「グレート・グリーン・グリッド（偉大なる緑の格子）」は存在しています。

スペースシャトル・エンデバーに搭乗した毛利衛氏が、宇宙から撮影した写真にもくっきりと映し出されていたという逸話の残る「根釧台地の格子状防風林」は、北海道遺産にも登録されている、町のアイコンのひとつです（写真1）。

そのルーツは、明治時代の開拓期に遡ります。入植に伴う区画整理において、碁盤の目状に線を引き、これに沿う形で幹線道路や農地が整備されていきました。当時の防風林は、原野を形成していた原生林であり、風雪から道路や農地

写真２　間伐の様子

を守るために幅約１８０ｍの林帯を残して開墾したものが始まりとされています。昭和初期には成長の早いカラマツへの転換が図られ、そのカラマツが伐期を迎えた現在は、郷土樹種であるトドマツやアカエゾマツへの更新を行っている最中にあります。かつては北海道全域に設けられていた防風林も、農地の拡大とともに他の地域では姿を消し、今では根釧台地に残っているものが日本最大となっています。

町の総面積の約半分を占める広大な森林は、この格子状防風林を中心に広がっています。民有林は、カラマツ・アカエゾマツを主体とした人工林と、多様性に富む広葉樹による天然林帯とがほぼ同割合で構成されており、人工林は10齢級以上の林分が多くを占めています。伐期を迎えた林分の計画的な更新と、付随する適切な管理—間伐や枝打ちは、中標津町に存在する豊富な森林資源を持続的に活用していくための大きなテーマでした。そして、毎年実施する間伐事業で得られる二酸化炭素吸収量を、何らかの形で利用できないか検討した結果、二酸化炭素吸収量を国が認証する「J-クレジット制度」にたどり着くこととなりました（写真２）。

プロジェクトの始動と認証取得

「地域のくらしを守る格子状防風林における間伐促進プロジェクト〜持続可能な循環型社会環境首都なかしべつを目指して〜」と題し、２０１４（平成26）年12月にJ-クレジットの認証を取得。以来、認証されたクレジットを環境貢献に取り組む町内外の事業者や団体等にカーボン・オフセットへの利用として販売し、収益を町有林の間伐や植栽費用としています。

当プロジェクトの始動当時、J-クレジット制度における森林経営活動でのプロジェクト登録は、中標津町が全国初でした。そのため、申請に必要な計画書の作成や、吸収量の算定に必要な専門的な知識やノウハウは町職員にはありませんでしたので、申請事務を含めたプロジェクトの作成や吸収量の算定は日本データーサービス㈱様に委託業務を発注しました。また、測

写真３　プロジェクト登録証と認証証

量業務やプロット地点の毎木調査等は、日頃から町有林整備に係わる委託業務を受注している中標津町森林組合様に協力を仰ぎ、実施しました。

町有林のうち、林齢30年以下で森林経営計画に基づく施業（間伐）を行う林分を対象地として抽出。モニタリングの結果、対象面積63・23haに対し、年間５００～６００ｔ－CO_2の取得が可能であるという算定結果が出ました。２０１４（平成26）年度は、プロジェクト対象期間２０１３～２０２１（平成25・４～令和３・３）年の初年度分に相当する５８９ｔ－CO_2の認証を申請し取得。その後、２０２０（令和２）年度に再度モニタリングを行い、過去６年分に相当する２４７７４ｔ－CO_2を取得しました（写真３）。

地域企業・団体によるクレジット購入

Ｊ‐クレジットの認証を取得した当時より、中標津町の森林保全の取組やカーボン・オフセットについて、町のホームページや広報誌等で積極的にＰＲを図っていきました。その結果、クレジット販売が本格的に始動した２０１４、２０１５（平成26、27）年度には、７団体で１６２t‐CO_2、金額にして１７７万８７６０円を販売することができました。

これは、行政の販促活動だけではなく、地域企業・団体各位の森林行政への関心と、「地域に貢献したい」という熱意によるものだと考えています。特に、中標津建設業協会様においてはいち早くカーボン・オフセットという制度にご理解をいただき、構成企業で排出している二酸化炭素をガソリン換算で数値化し、２０１５年度より毎年ご購入いただいています。２０２２（令和４）年度には、同協会会長であります三宅正浩氏のお声がけにより、同協会に加盟する企業各社が、それぞれ10t以上、合計で２０１t‐CO_2をご購入いただきました。

また、中標津町内に工場を持つ雪印メグミルク㈱様も、工場で排出された二酸化炭素をオフセットするために２０１７（平成29）年度よりご購入いただいています。格子状防風林が、暴風雪から地域を守るためのインフラとしてだけではなく、地球温暖化の防止、また世界遺産・

知床の隣接地域として生物多様性の維持を果たす重要な役割を、地域の皆様に理解していただけていることを示していると考えています。

町外への販売拡大の取組

更に、町外への販売拡大の取組として、北海道が実施している道有林オフセット・クレジット（J-VER）との連携で、「北海道の森に海に乾杯！」キャンペーンに毎年参加しています。道有林クレジットと共同で、札幌市や東京都に本社を置く企業・団体各位にご購入いただき、こちらも累計で50 t-CO_2の販売実績に至っています。

2021（令和3）年度からは、カーボン・オフセットをふるさと納税の返礼品に加え、既にお申し込みをいただいております。近頃は、J-クレジット制度事務局のホームページを見た町外・道外企業各位からも直接購入申し込みをいただいており、地球温暖化対策・森林保全へ寄せられる関心の高まりを感じています（表）。

一番ありがたい点は、ご購入いただいた企業各位に、次年度も継続してご購入いただいているケースが非常に多いことです。環境問題への継続的な取組を行う企業各位の姿勢が、このプロジ

表　J-クレジット販売実績について（年度販売実績）

年度	件数	販売数量（t-CO_2）	販売金額	備考
平成26年度	1	10t	108,000円	
平成27年度	6	152t	1,670,760円	
平成28年度	8	65t	731,160円	
平成29年度	10	55t	623,160円	
平成30年度	12	72t	806,760円	
令和1年度	14	84t	937,710円	
令和2年度	15	85t	955,350円	
令和3年度	17	106t	1,192,400円	
令和4年度	38	339t	3,698,750円	
令和5年度	36	367t	4,010,240円	
合　計	157	1,335t	14,734,290円	

注１：中標津町の１ t-CO_2 当たりの販売単価は 10,000 円（消費税別）ですが、北海道のクレジットと同時購入の場合は販売単価が変動することがあります。
注２：令和元年よりカルネコ株式会社が運営する EVI サービス（預託登録）の利用を開始しました。EVI サービスによる販売は手数料を差し引いた販売金額になります。

ェクトを支える最も重要な柱であると考えています。町としても、そのような皆様への感謝の気持ちとして、購入手続きの最後に証明書を贈呈しています。継続購入も含め、購入数量が10t-CO_2に到達した団体様には贈呈式を開催しています。式の際には、町の間伐材を用いた額縁に入れ、町長から代表の方へ直接お渡しししています（写真４）。

今後の展望と課題

２０１４（平成26）年のプロ

写真４　J‒クレジット購入証明証贈呈式

ジェクト開始以降、２０２３（令和５）年度末現在で、延べ１５７の団体・企業各位より、合計１３３５t‐CO_2をご購入いただきました（表）。森林経営活動によるクレジット創出のコストを勘案し、１t‐CO_2当たり１万円（税別）という価格設定にもかかわらず、これだけご購入いただけたことは、やはり森林経営や環境問題に対し、各団体が深い関心を寄せていることの証左だと考えています。

２０２２（令和４）年８月に施行された、J‐クレジット制度における森林管理プロジェクトに係わる制度の見直しにより、全国的に森林クレジットへの関心が更に高まっていると感じています。各自治体からも「中標津町の取組を参考に、自分の自治体でもクレジットを取得したい」というご相談や質問をいただくようになりました。販売面においては、格子状防風林という雄大な自然の持つ魅力を更にＰＲし、差別化を図ることにより付加価値を高めていくことが必要であると考えています。

また、販売によって得た収益をいかに活用していくかも、大きな課題のひとつです。林業労働者の長期的な減少傾向や、苗木の不足により「活動原資を得てもそれを活用できない」という事態を防ぐべく、森林環境譲与税を活用した私有林整備の促進や雇用対策、木育の取組を並行して進めることにより、「魅力的な森林」「魅力的な林業」を更にアピールすることが、これからの森林行政の大きなテーマだと考えています。

福島県喜多方市

喜多方市におけるJ−クレジット制度の取組
J−クレジットを活用し、地域の森林資源を後世に引き継ぐ　〜持続可能な森林・林業を目指して〜

久保　隆／福島県喜多方市産業部　農山村振興課　森林整備係長

喜多方市の概要

福島県の北西部、会津盆地の北に位置する「喜多方市」は、北西に世界遺産の国内候補に挙げられた飯豊(いいで)連峰の雄大な山並みが連なり、東には名峰・磐梯山(ばんだいさん)の頂を望む雄国(おぐに)山麓が裾野を広げる豊かな自然に恵まれた風光明媚なまちです。

写真１　喜多方市風景（棚田）

当市は、総面積５万５４６３haの広大な市域を有し、その市域の約70％を林野が占めており、市の東部、西部、北部地域を中心に森林が広がっています。一方、市の中心部から南部にかけては平坦な地形で市街地を囲むように田園地帯が広がっています。良質な水と肥沃な土壌、自然環境に恵まれ、全国でも有数の良質米の生産地となっており、水稲を中心に、園芸作物、花き、畜産、さらに清らかな水と良質な米を原材料とした酒造業、醸造業が盛んです（写真１）。

また、市内には、文化財や蔵などの歴史を感じさせる建造物も数多く残され、４０００棟を超える蔵が現存する「蔵のまち」として知られており、加えて、「日本三大ラーメン」のひとつに数えられる「喜多方ラーメン」は全国的にも認知度が高く、地域資源を最大限に活かしたまちづくりに取り組んでいます。

当市を訪れる観光客など、多くの方々を魅了する、こうした品質の高い農産物や日本酒、ラーメンなどの根幹をなしているものは、豊富で清廉な水であり、その水は、市域の約70％を占める森林が育んでいるといっても過言ではなく、市内に有する広大な森林から様々な恩恵を受けています。

市の森林・林業の現状と課題

当市の森林面積は3万8545haであり、市総面積の約70％を占めています。そのうち民有林面積は2万4240haで森林全体の約63％となっており、民有林の割合が高くなっています。その民有林のうち人工林面積は5766haで、人工林率は福島県平均の約36％を下回る約24％となっています。

当市における森林・林業の現状は、積雪が多いことや急峻な地形等の地理的要因だけではなく、森林所有面積が5ha以下の零細林家が多く、所有形態が小規模で森林所有者単独による森林経営が困難なこと、林業従事者の減少や高齢化、世代交代による森林境界の不明確化、木材価格の低迷による採算性の低下など、厳しい状況が続いています。

一方で、世界的な木材需要の増加、木質バイオマスへの再生可能エネルギーとしての利用やCLTなどの普及による木材利用の拡大に対する期待も高まっており、地域資源である木材の安定的な供給が求められています。また、併せて国土保全や水源涵養、地球温暖化防止、生物多様性の保全、保健休養など、森林の持つ公益的機能の効果的な発揮も求められており、森林に対する多様な要請に応えられる森林整備および森林管理を展開していくことが必要となっています。

J-VER制度を活用した喜多方市森林整備加速化プロジェクト

森林整備や森林資源の利活用が進まない状況下において、当市では、森林の持つ公益的機能を発揮させることが喫緊の課題であると捉えるとともに、豊富な森林資源を活かした事業のひとつとして、２０１０（平成22）年度から市が管理する市有林（分収林を含む）を対象に、オフセット・クレジット（J-VER）制度を活用し、森林整備（間伐）を実施していく「喜多方市森林整備加速化プロジェクト」の取組を進めていくこととなりました。

当プロジェクトは、市有林において間伐を実施し、間伐によって成長が促進された森林が吸収するCO_2をオフセット・クレジットとして取得し、その販売収入を森林整備や森林管理の費用の一部として、さらに森林整備を推進していこうとするものです。

当市では市が管理すべき市有林（分収林を含む）の森林整備が遅れている状況であり、森林の有する公益的機能を持続的に発揮させるため、森林整備の実施が急務でありました。そこで、市有林における森林整備を加速化させるため、2010年度から間伐や路網整備等を実施しながら、2017（平成29）年度までに75・94haの市有林を整備してきたところです。

また、2010年度には「喜多方市森林整備加速化プロジェクト」として、福島県内の自治体では初となる「オフセット・クレジット制度（J-VER制度）」への登録、認証を受け、プロジェクト対象地における森林が吸収したCO_2をクレジット化し、その販売収入を森林整備の経費の一部に充当してきたところです（写真2、3）。

当プロジェクトの認証期間である2010〜2017年度までの8年間にわたり、プロジェクト計画に基づき、森林の整備や管理などを実施するとともに、2013（平成25）年度にはJ-VER制度からJ-クレジット制度への移行を経て、オフセット・クレジット発行のための認証を受けながら、当プロジェクト計画の認証期間内に2134t-CO_2（取引可能数量

写真２　プロジェクト対象地での間伐施業

写真３　間伐後の市有林

2071t-CO_2）のクレジットを取得してきたところです。

環境対策へのニーズからJ-クレジットへ事業を継続

2010（平成22）年度から先進的に進めてきた「喜多方市整備森林加速化プロジェクト」は2017（平成29）年度をもって8年間の認証期間が満了となりました。当プロジェクトはオフセット・クレジットの発行により森林整備を進めるための財源を確保することを目的とした取組でした。そのため、2019（令和元）年度から「森林環境譲与税」の交付に伴い、森林整備等を推進していくための財源確保が見込めるようになったため、2018（平成30）年度以降はクレジット制度に基づく新たなプロジェクト計画の登録は行わず、オフセット・クレジットの認証は行わないことを決めました。しかし、地球温暖化対策に関する国の動向に鑑みますと、2020（令和2）年10月には「2050年までに温室効果ガスの排出を全体としてゼロにする」ことを目的とした「2050年カーボンニュートラル宣言」がなされ、現在、脱炭素社会の実現に向けた様々な取組が進められています。

こうした国の動向を踏まえ、当市においては2021（令和3）年9月16日に、恵み豊かな喜多方の自然環境を次の世代につなぐため、すべての市民で力を合わせてCO_2の排出削減に取り組むべく、「喜多方市カーボンニュートラル宣言」を表明し、様々な取組を進めようとしているところです。

また、CO_2排出抑制対策や環境保全などの社会貢献活動に積極的な企業や団体等が増え、J-クレジットを活用する企業等も増えてきている状況下において、市としても企業等が取り組む地球温暖化対策の一助になれるような取組も必要ではないかと議論となり、取組の再開を検討しました。社会情勢の動向も踏まえ、「これまでの取組を継続しなくてはならない」といった機運が高まり、取組を継承し、森林整備や森林管理のための財源の確保といった目的のみならず、地球温暖化対策に寄与することも目的に加え、森林整備と二酸化炭素吸収量の確保・増大との両輪で取組を推進していくことを決定しました。

取組の成果

2010（平成22）年度から取り組んできた「喜多方市森林整備加速化プロジェクト」を継承する形で、「喜多方市公有林における豊かな森林プロジェクト（喜多方市森林整備加速化プロジェクトVer．２）」と名称を改め、２０２１（令和３）年３月に「プロジェクト計画」の登録が認証され、新たな「プロジェクト計画」のもとで森林経営活動をスタートさせました。

市有林（分収林を含む）のうち、森林経営計画に基づく森林整備を実施する森林を対象地とし、検証の結果、対象面積75・83haに対し、年間約２８０～３００t-CO_2の取得が可能との算定結果が出たところです（写真４）。

新たな「プロジェクト計画」の登録、認証を受けて以来、これまでに計画に基づく森林経営活動を実施しながら、２０２１年度には、対象森林が前年度に吸収したCO_2のクレジット３１８t-CO_2（取引可能数量３０９t-CO_2）を取得し、２０２３（令和５）年度には、対象森林が前々年度および前年度に吸収したCO_2のクレジット６０２t-CO_2（取引可能数量５８４t-CO_2）を取得したところであり、J-クレジット制度の取組をスタートさせた２０１０年度からの累計にして３０５４t-CO_2（取引可能数量２９６４t-CO_2）を取得することができました。

取組開始以来、認証されたクレジットについては、CO_2排出抑制対策や環境保全などの地球温暖化対策、社会貢献活動等に積極的な企業や団体等にカーボン・オフセットへの利用として活用していただいています。２０２４（令和６）年３月末日までに、企業や団体等に累計

写真４　路網を整備し、搬出間伐を行っている

２３２８$t\text{-}CO_2$を購入していただいており、その販売収入を市有林の整備や管理の経費の一部に充当している状況です。

地産地消の販売モデル

プロジェクトを始動した当初は、展示会やマッチングイベントなどへ積極的に参加し、クレジットのPRをしてまいりましたが、当時は制度理解もなかなか進んでおらず、まったくといっていいほど販売実績を伸ばすことができませんでした。しかし、近年はコンスタントにクレジットを購入していただいており、販売数量や問い合わせも増えている状況です。

そうした意味では、行政による販促活動だけでなく、企業や団体等が、地球温暖化防止に森林が重要な役割を果たしているということの認識のもと、森林経営や環境問題に深い関心を持っている証しだと考えています。また、当市のクレジットは森林経営活動によるクレジット創出までのコストを勘案し、1t-CO_2当たり1万円（税込）という価格設定をしていますが、削減系クレジットと比較すると割高であるにもかかわらず、これだけ森林吸収系クレジットを活用していただいているということは、森林環境の保全、ひいては地球環境の保全への関心の高まりを感じているところです。

　販売先につきましては、当初は県外の製造業や小売業への販売が多い状況でしたが、最近は、旅行業への販売も増えてきている状況です。２０２３（令和５）年度から喜多方観光物産協会とタイアップし、同協会が企画する教育旅行「喜多方ふれあい農業田舎体験」において、教育旅行で利用したバスから排出されるCO_2の一部をＪ-クレジットを活用してオフセットすることによって、環境に配慮した、付加価値の高い旅行商品を打ち出し、地元の森林が吸収したCO_2のクレジットを、地元の団体が活用するといった「地産地消」のモデルができあがったところであり、市内の他の企業等にも当制度の理解が進み、Ｊ-クレジットの活用が広がることを期待しています。

　また、一度、当市のクレジットを購入していただいた企業等においては、次年度もクレジッ

カーボン・オフセット
証　明　書

〇〇〇〇〇　殿

喜多方市内の森林で創出されたクレジットを活用して
カーボン・オフセットを実施したことを証明します。

無効化内容　「〇〇月〇〇日喜多方ふれあい農業田舎体験」において利用したバスから排出された二酸化炭素の一部（喜多方市内移動分）
排出権種類　J－クレジット（森林経営活動）
創出事業者　福島県喜多方市
削減事業　喜多方市公有林における豊かな森林づくりプロジェクト
識別番号　JC-400-000-007-425-〇〇〇

二酸化炭素無効化量　〇〇〇kg-CO_2

令和〇年〇〇月〇〇日
喜多方市長　遠藤　忠一

写真５　CO_2を相殺したことを示す「カーボン・オフセット証明書」

トを継続して活用していただいているケースが多く、CO_2排出抑制対策や環境保全など地球温暖化対策や社会貢献活動へ継続的に取り組もうとする企業等の姿勢がこのプロジェクトを支えている重要な柱となっていることを改めて認識しているところです。

当市では、J－クレジットの購入により、当市の森林の整備や管理を支援していただいたことに対する感謝の意を表するため、クレジットを活用いただいた企業・団体等の中で、希望者には販売の証しとして「販売証明書」を発行しているとともに、喜多方観光物産協会が企画する「教育旅行」で市内を訪れた団体等に対しては、バス利用によって排出したCO_2を、クレジットを活用して相殺したことを示す「カーボン・オフセット証明書」を発行しているところです（写真５）。

中野の森プロジェクト

東京都中野区は、福島県喜多方市の「喜多方市森林整備加速化プロジェクト」の取り組みと連携し、福島県喜多方市で間伐した森林が吸収する二酸化炭素をオフセット・クレジット（J－VER）として購入することで、森林整備を支援するとともに、カーボン・オフセットを行います。

森林整備により、森林の二酸化炭素吸収量が増えるだけでなく、森林が有する公益的機能（地球温暖化の防止、良質な水を育む水源のかん養、土砂災害の防止、生物多様性の保全など）を適切に発揮させることができます。

東京都中野区は、こうした取り組み全体の事業名称を「中野の森プロジェクト」とし、福島県喜多方市と連携して環境交流を行い、地球温暖化の防止に寄与していきます。あわせて、観光交流、経済交流を推進していきます。

平成27年7月

森林整備（間伐等）位置図

写真６　中野区との環境交流の証しとして設置した看板

自治体間の環境交流にも活用

さらに、Ｊ-クレジットの活用は、カーボン・オフセットの利用にとどまらず、自治体間における環境交流に発展させた取組も展開しています。

当市は、２０１５（平成27）年7月22日に、「なかの里・まち連携事業」の取組を展開する東京都中野区と「地球温暖化防止のための森林整備等に関する協定」を締結し、相互連携を図りながら地球温暖化防止に寄与することを目的とした取組を行っています。中野区では、Ｊ-クレジットを購入することで、当市の森林整備等を支援するとともに、区内でのイベントやごみ清掃車から排出されるＣＯ$_2$のうち、どうしても削減できない排出量をオフセットします。一方で当市は、Ｊ-クレジットを中野区に販売し、その収入を森林整備や森林管理の費用の一部に充当し、ＣＯ$_2$吸収量の確保・増大に貢献しています。

さらに、環境交流のひとつとして、中野区主催による「中野区環境交流ツアー」にて当市内の森林などをフィールドに環境学習を行うとともに、「なかのエコフェア」では間伐材を利用した木工クラフト体験を通してＪ-クレジット制度への取組や木材の利活用などについてＰＲを行うなど、その内容を充実させながら展開しています（写真６）。

Ｊ-クレジットの取組は、森林経営計画の策定や対象森林の測量、地位級の特定などの専門的な知識を要することや、プロジェクト計画の登録やクレジット認証などの様々な手続きを要するため、各関係機関の協力が必須です。また、その売買に関しては、制度を理解している企業・団体等の存在がなければ成り立たないため、当市の取組に理解いただくとともに、その取組に関わっていただいているすべての企業・団体等に対して深く感謝し、森林環境の保全に努めながら地球温暖化対策に少しでも貢献できるよう、これまでの取組を継続してまいりたいと考えています。

今後の展望

人工林が成熟期を迎えている中、「伐って・使って・植える」という循環システムを確立し、木材の利活用を通じた木材による炭素の貯蔵効果を高めるとともに、再造林によって木の成長が著しい森林（二酸化炭素吸収量が多い森林）を増やすことが「カーボンニュートラル」の実現への貢献につながるものと期待されており、森林管理プロジェクトにおける制度見直しが検討され、森林吸収系クレジットも創出拡大に向け、２０２２年（令和４）年８月に打ち出された「Ｊ-クレジット制度における森林管理プロジェクトに係る制度の見直し」により、全国的に森林吸収系クレジットの関心がより高まっていると感じています。

さらに国では、脱炭素化社会の実現に向け、グリーントランスフォーメーションを進めており、その政策の一環として、２０２３（令和５）年10月11日、東京証券取引所において、二酸化炭素排出量を取り引きする「カーボン・クレジット市場」という新たな市場が開設され、企業の脱炭素化と経済の活性化を進めることを目的とした取組も開始されたところであり、地球温暖化対策へのＪ-クレジットの活用が増大していくものと考えています。

おわりに

当市では、森林整備を加速化させ、豊富な森林資源を活用し、森林の持つ公益的機能を発揮させることが喫緊の課題と捉え、その手法のひとつとして、先進的にＪ-クレジットを活用した森林整備を進めてきたところです。

今後も森林経営計画に基づく森林整備および森林経営を実施することによって、対象面積の拡大を図りながら、CO_2吸収量の確保・増大に貢献する取組を進めていく考えです。

さらに、これまでの取組のノウハウを、地域林業の中心的な役割を担う森林組合や林業事業体に伝えながら、私有林を対象としたＪ-クレジットの取組を促進していくとともに、森林管理プロジェクトの取組によるクレジットの供給量の拡大を促進していくことも行政の役割のひとつと捉えています。

これまでの取組を継続しながら、Ｊ-クレジットの活用による市有林整備、また、森林環境譲与税を活用した私有林整備の促進や林業労働者の育成・確保、木材利活用の取組との両輪で進めるとともに、持続可能な森林・林業を目指し、地域の豊かな森林資源を後世に引き継いでいくことが森林行政に課せられた大きなテーマと考えています。

岡山県西粟倉村

村の「百年の森林（もり）事業」にJ－クレジット制度を活用
西粟倉村百年の森林（もり）CO_2吸収プロジェクト

妹尾　辰郎／岡山県西粟倉村　産業観光課　主事

西粟倉村の森林の状況

西粟倉村は岡山県の最北東端に位置し、鳥取県と兵庫県の県境に接しています。村の中心を南北に通るのは、かつて参勤交代に使われていた因幡街道で、現在では鳥取自動車道や第三セクター鉄道の智頭急行がこの谷筋を通っています。中国山地に位置しているものの、鳥取市方面や阪神方面への交通アクセスは比較的良好です。村の総面積は57・93㎢、人口約1300人という小さな山村です。面積の約93％が山林で占められ、そのうち約84％がスギ・ヒノキの人工林とな

写真　上空から見た西粟倉村

っています。かつては林業が盛んでした（写真）。

本村の山林約５４００haのうち、個人所有の民有林が約半分、村有林が約４分の１、その他が４分の１を占めています。人工林も全国と同様に、概ね戦後の拡大造林期に植えられたもので、10齢級前後の林分が多くを占めています。

百年の森林（もり）構想

本村は平成の大合併時に、隣接町村からなる合併協議会に所属しながらも、単独村政を維持することを選択しました。当時の村長は地域経営の中で必用な旗印を考え、村の面積の約７割を占めるスギ・ヒノキの人工林に着目しました。木材価格の下落により資産価値が落ち込み、所有者の経済的負担を伴う保育施業の実施が困難な状況にあった人工林は、管理が行き届いていませんでした。間伐が進んでいない状態であり、林地の中には下層木や下草すら育っておらず、表土の流出や急激な出水など防災の観点からも地域の森林環境の悪化が懸念されていました。

　このような状況から、２００８（平成20）年に村は「約50年生にまで育った森林の管理をここで諦めず、村ぐるみであと50年がんばろう。そして美しい百年の森林（もり）に囲まれた上質な田舎を実現していこう」というビジョン「百年の森林（もり）構想」を着想し、翌年から「百年の森林（もり）事業」を開始しました。

　この事業では、村が管理できない状態にある森林の所有者から人工林を預かり、間伐施業を個人負担なしで行います。さらに、村と所有者は長期施業管理契約を締結し、第三セクターの森林管理会社である㈱百森が村から森林管理を受託することで、一定の規模以上の施業団地を形成し、効率的な施業を実施しています。

　村と㈱百森は人工林の間伐促進を中心に取り組み、搬出される木材の利用は村内の民間事業者が推進するという、川上と川下で役割分担を行いました。川上では、新たな林業事業体が百年の森林事業を担うために起業して村内の雇用を生み出しました。川中も、これまで山土場から直接木材市場に搬送されていた木材を村内の土場に集積し、選木後、村内の木工事業者等へ

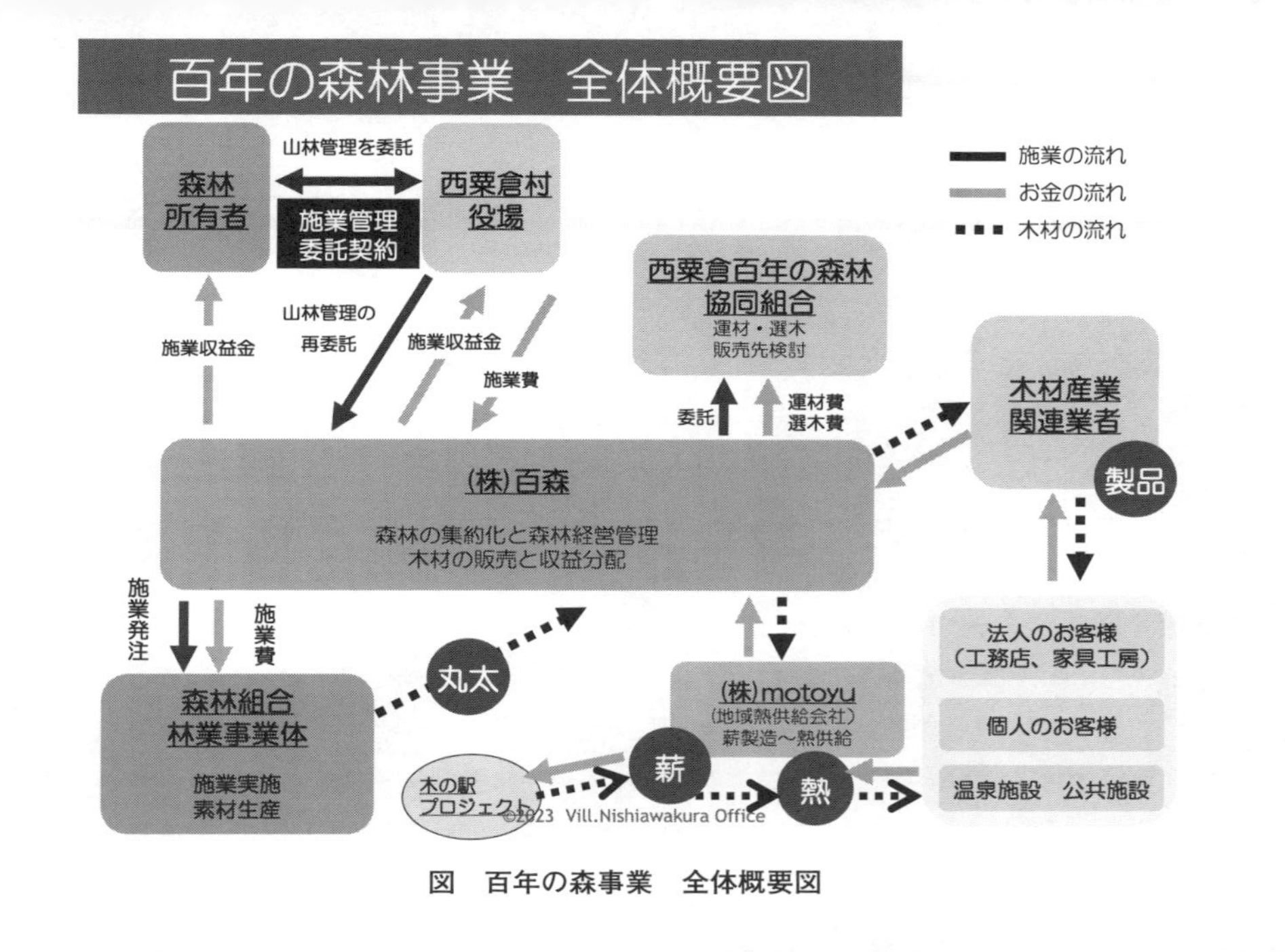

図　百年の森事業　全体概要図

の出荷や地域外事業者への直接取引等へ流通するなど、変化していきました。

川下側では㈱西粟倉・森の学校が創業し、百年の森林事業で生産された木材を商品化し、地域外に販売するなど、雇用と地域内経済循環を創出させました（図参照）。

また、百年の森林事業では、集積した山林について、ＦＳＣ認証を取得しています。森林環境や生態系、労働環境など百年の森林事業の質的担保と、生産される木材に付加価値を与えてくれます。

このような取組は、衰退といわれていた林業を地域振興策の中心に据えることで、その後、環境モデル都市・バイオマス産業都市、ＳＤＧｓ未来都市の地域指定を受ける根幹の取組になりました。さらに木質バイオマスの地域導入や、ローカルベンチャーと呼ばれる新たな起業家を惹きつける事業の創出へと枝葉を広げ、多くの移住者や都市部の企業を含めた関係人口の創出など、本村の地方創生の基幹事業に成長していきました。

村が一括してＪ-クレジットを登録

本村では、これまでも百年の森林事業で創出される二酸化炭素吸収に係る環境価値を、フォレストック制度を利用し都市部の企業に提供してきた経緯がありました。こうした取組の中で、より企業ニーズのあるJ-クレジット制度への移行を２０１８（平成30）年頃から検討し、２０２０（令和２）年２月にプロジェクト計画書作成支援制度等を活用し、「西粟倉村百年の森林CO_2吸収プロジェクト」の登録を行いました。本プロジェクトでは、村と㈱百森が実施主体となっています。計画期間は２０１９（令和元）年度から８年間、対象森林約２３００ha、吸収計画量は約７万t-CO_2になり、モニタリングにより実際にクレジット発行できる量は概ね４万t-CO_2を見込んでいます（表）。

前段で触れた百年の森林事業は、国庫補助事業等を活用して間伐施業を進め、補助金等以外の施業費は村が全額負担しています。村では山林所有者から山林を預かる際に、森林整備の財源とすることを条件にCO_2吸収源としての権利を放棄していただき、村が一括してクレジットを登録し、百年の森林事業の財源として活用しています。

クレジットの販売収入も活用しながら、百年の森林構想で掲げる未来へ続く、持続可能な森林づくり事業にしていくことを目指しています。

表　吸収計画

認証対象期間※	2019年4月1日～2027年3月31日（8年0ヶ月）				
吸収計画	年度	ベースライン吸収量	プロジェクト実施後吸収量	プロジェクト実施後排出量	吸収量
	2019年度	0 $t\text{-}CO_2$	8458.8 $t\text{-}CO_2$	2370.9 $t\text{-}CO_2$	6087 $t\text{-}CO_2$
	2020年度	0 $t\text{-}CO_2$	8568.7 $t\text{-}CO_2$	0 $t\text{-}CO_2$	8568 $t\text{-}CO_2$
	2021年度	0 $t\text{-}CO_2$	8819.7 $t\text{-}CO_2$	0 $t\text{-}CO_2$	8819 $t\text{-}CO_2$
	2022年度	0 $t\text{-}CO_2$	9084.6 $t\text{-}CO_2$	0 $t\text{-}CO_2$	9084 $t\text{-}CO_2$
	2023年度	0 $t\text{-}CO_2$	9267.6 $t\text{-}CO_2$	0 $t\text{-}CO_2$	9267 $t\text{-}CO_2$
	2024年度	0 $t\text{-}CO_2$	9267.6 $t\text{-}CO_2$	0 $t\text{-}CO_2$	9267 $t\text{-}CO_2$
	2025年度	0 $t\text{-}CO_2$	9264.2 $t\text{-}CO_2$	0 $t\text{-}CO_2$	9264 $t\text{-}CO_2$
	2026年度	0 $t\text{-}CO_2$	9258.6 $t\text{-}CO_2$	0 $t\text{-}CO_2$	9258 $t\text{-}CO_2$
	2027年度	0 $t\text{-}CO_2$	0 $t\text{-}CO_2$	0 $t\text{-}CO_2$	0 $t\text{-}CO_2$
	2028年度	0 $t\text{-}CO_2$	0 $t\text{-}CO_2$	0 $t\text{-}CO_2$	0 $t\text{-}CO_2$
	2029年度	0 $t\text{-}CO_2$	0 $t\text{-}CO_2$	0 $t\text{-}CO_2$	0 $t\text{-}CO_2$
	2030年度	0 $t\text{-}CO_2$	0 $t\text{-}CO_2$	0 $t\text{-}CO_2$	0 $t\text{-}CO_2$
	合計	0 $t\text{-}CO_2$	71989.7 $t\text{-}CO_2$	2370.9 $t\text{-}CO_2$	69614 $t\text{-}CO_2$

※　認証対象期間は、プロジェクト開始日の含まれる年度の開始日から、同日より８年を経過する日若しくは2031年３月31日のいずれか早い日までの間で設定すること。

村の取組に共感してくれる事業者に販売

現在、プロジェクトのうち、計画当初２ヵ年分の約７５００$t\text{-}CO_2$をクレジットとして発行済みで、今後、森林整備の進捗に合わせ順次発行していくこととしています。クレジットの譲渡は、単純に二酸化炭素排出量のオフセットのみを目的とするのではなく、百年の森林事業を中心とした村の施策や地域振興に関係していただける事業者に譲渡する方針としています。

これまでに、岡山県内外の事業者に延べ9件購入いただいており、合計約5300t-CO_2、金額にして約1800万円を購入いただいています。購入事業者は、これまで村と共同事業創出や包括連携協定締結等の実績があり、村の取組に共感していることや村内の事業者との協力関係があるため、今後も一定量のクレジット購入を続けていただける予定です。

また、本村の森林を活用した社員研修を実施する事業者も現れ、村の森林の価値を増加させる取組も始まっています。

このように、百年の森林事業の財源でもあるJ-クレジットは、従前のように、収益化の手段として木材の販売収入だけでなく、村の財政負担を軽減することができるほか、CO_2排出抑制の機運も相まって、都市部企業との協働関係を構築する魅力の創出としても役立っていると思います。

今後の展望

森林由来のJ-クレジットは、間伐や森林の更新など森林環境をポジティブにする活動から創出されます。クレジット創出のコストを考えると販売価格は高価になるケースが多くなってしまうことから、購入していただける事業者を探すのが困難かもしれません。しかしながら、事業の環境負荷軽減やカーボンニュートラルへの意識向上から、都市部企業の関心も高まってきているように感じています。

国も2050年までにカーボンニュートラルを実現する方針を掲げており、二酸化炭素吸収源として認められている森林を多く持つ地方の役割も大きくなっているのではないでしょうか。

クレジットを単にカーボンオフセットとしての利用だけでなく、地域の魅力の発信ツールとしての位置づけや、地域の森林資源の価値の拡大、人材育成の資本とするなど、地域がクレジット販売収入をどのように活用していくのか、購入者に魅力を感じてもらえるプロジェクト組成を行っていくことで、地域の森林資源の価値を高めることにつながっていくのではないかと考えます。

事例編２

公社・団体

公益社団法人とくしま森林バンク

公益社団法人長崎県林業公社

徳島県

J-クレジットの活用で森林経営管理制度を推進 森林管理とJ-クレジットをつなぐ組織 「とくしま森林バンク」

鎌倉 満行／公益社団法人とくしま森林バンク 理事長

はじめに

とくしま森林バンク（以下、バンク）は、2021（令和3）年に誕生し、約3年が経過しました。設立のきっかけは県内の「森林由来J-クレジット」を創出することでしたが、その達成に向けては森林経営管理制度の推進が事業の中核をなすこととなり、市町、関係団体、企業等と協力し実施してきました。これまでの取組状況を紹介させていただきます。

徳島県の森林の状況

徳島県は、県土面積の75％を森林が占める全国でも有数の森林県です。森林面積は31万5000haであり、古くから林業が振興された結果、その約6割がスギ・ヒノキの人工林で占められ、全国平均の4割を大きく上回っております。所有形態は8割（25万8000ha）が「私有林」で、所有規模10ha未満が約4割を占める小規模所有が大半を占めています。

とくしま森林バンク設立の経緯

①森林経営管理制度における本県独自の推進策

国において2019（平成31）年4月1日に森林経営管理制度（以下、制度）が開始され、「林業の成長産業化と森林資源の適切な管理の両立のため、森林所有者が経営・管理できない森林について市町村が中心となって制度の推進役となり実施していくこと」となりました。

本県では、市町の林業の専門職員の不足などから、「（公社）徳島森林づくり推進機構」（以下、機構）が事務局となり、市町が共同で取り組むことが合理的として、県南部（5市町）と吉野川流域（5市町）の、2つの森林管理システム協議会（以下、協議会）が市町に代わって事業を実施する独自の制度推進が開始されました。

協議会では、各市町の森林環境譲与税を財源に「所有者への意向調査」「境界の明確化」「間伐」等の事業を実施するとともに、森林所有者の相談等に直接対応する窓口として、2019（令和元）年には「ハローフォレスト」も併せて設置されました。

意向調査では、所有者自らが管理困難であり、市町への委託希望者は3～4割、売却や寄付を希望する「手放したい方」も2割以上と、回答者の過半を上回り、更にハローフォレストには、これからの所有森林の管理への不安を訴える相談が多く寄せられていました。

②追い風となったカーボンニュートラルとJ-クレジット

2020（令和2）年10月、政府は2050年までに温室効果ガスの排出を全体としてゼロにするカーボンニュートラルを目指すことを宣言しました。機構では、過去にJ-VERを取得していた経緯もあり、地元企業から県内の森林でJ-クレジットが発行できないかとの要望が寄せられる中ではありましたが、当時はクレジット発行が相殺される主伐実施に課題があったことから、機構は、徳島県独自のオフセット事業「とくしま協働の森づくり事業」の取組に

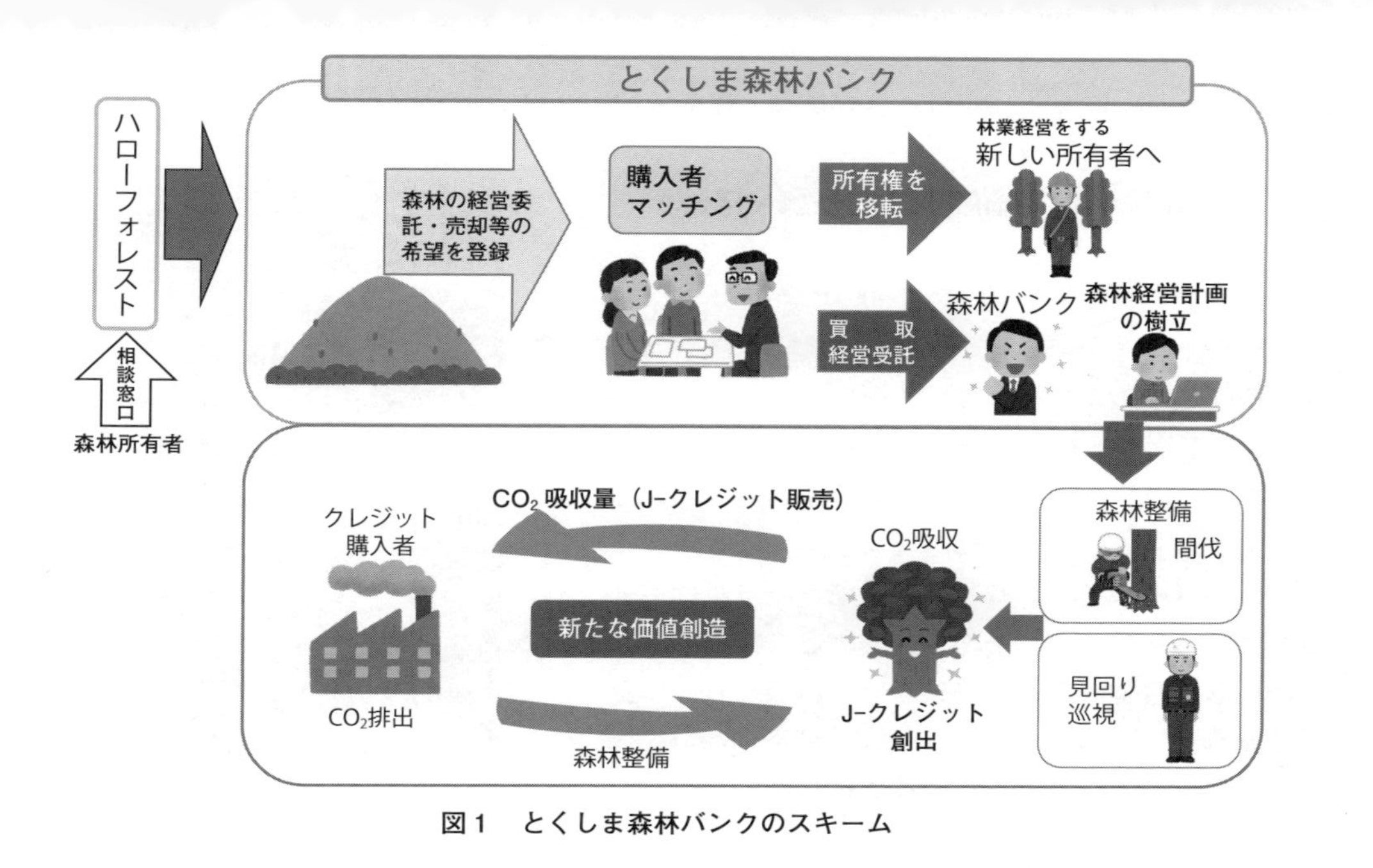

図１　とくしま森林バンクのスキーム

写真1　とくしま森林バンク設立総会

注力していたところです。

そこで、機構ではなく、経営管理法の推進上で課題となっていた、①経済性の低い森林においても経営受託や森林の整備の代行ができないか、②森林を手放したい方の増加に応じて森林売買や仲介に対応できないか、という課題解決を持って「クレジット発行」に結びつける機能を持った「新たな団体」を設置することになりました。そして、この新たな団体として、2021（令和3）年9月「一般社団法人とくしま森林バンク」（社員：南部5市町）が誕生しました（図1、写真1）。

信用性を高める「公益法人」への移行

発足後、森林管理プロジェクトに必要な森林経営計画の樹立や体制の整備を進め、Ｊ-クレジット発行に向けた間伐等の事業も順次開始しました。

予想したとおり、森林バンク発足後も所有者からの森林の売却や長期の経営受託の要望は加速度的に増加することが明らかとなっていきました。更には、森林への理解が深い地元の大手企業からのバンク事業拡大への期待の高まりへの対応や、関係市町の支援拡充の実現を図るためには、より社会的信用力を高めることが必要となり、県の審査会等を経て２０２２（令和４）年11月に「公益社団法人」に移行しました。

公益法人の移行にあたっては、事業区分を公益事業として森林整備や森林買取の事業を、収益事業としてＪ-クレジット事業と位置づけ、「森林整備の推進とＪ-クレジット発行」をつなぐ公益団体となったことで、かねてからこの取組に注目していただいた地元企業や銀行から、新たに事業原資となる寄附金等のご支援をいただくことができました。ご支援に深く感謝するとともに、事業の推進に邁進する決意が更に高まったところです。

買い取り・委託で1373haを経営

現在、バンク事業は協議会と連携して実施しています。協議会が実施する意向調査の結果「自らが管理できない」「誰かに管理を任せたい」「売却したい」との回答のあった森林について、バンクへの委託希望の有無を確認した上で、森林所有者との協議の後、10年を一期とした「とくしま森林バンク管理委託契約書」を締結し、管理に関する内容とJ-クレジットの発行や活用についても同意をいただき、森林経営計画へ追加、間伐等の施業を開始しました。

施業の実施経費については、社員である市町との間で、管理放棄の防止や森林吸収源としての機能発揮を目指すこと等を盛り込んだ「放置林環境整備に関する協定書」を締結しており、これによって、間伐費用の9割を森林環境譲与税から負担していただく制度としています。

次に売却希望森林については個々の森林の現状（境界明確化・相続の状況等）を踏まえつつ、バンクが経営する森林とすることで、その地域の森林集約化につながるかなどを検討するとともに、森林組合等関係者の意見も聴取しつつ、順次、買い取りを実施しています。

また、バンクの買い取りに不向きな森林（主伐可能な森林や狭小林等）は、「とくしま森林バンク対象山林登録簿」に登載し、県内の認定林業事業体の皆様に情報提供するなど林地の流動化

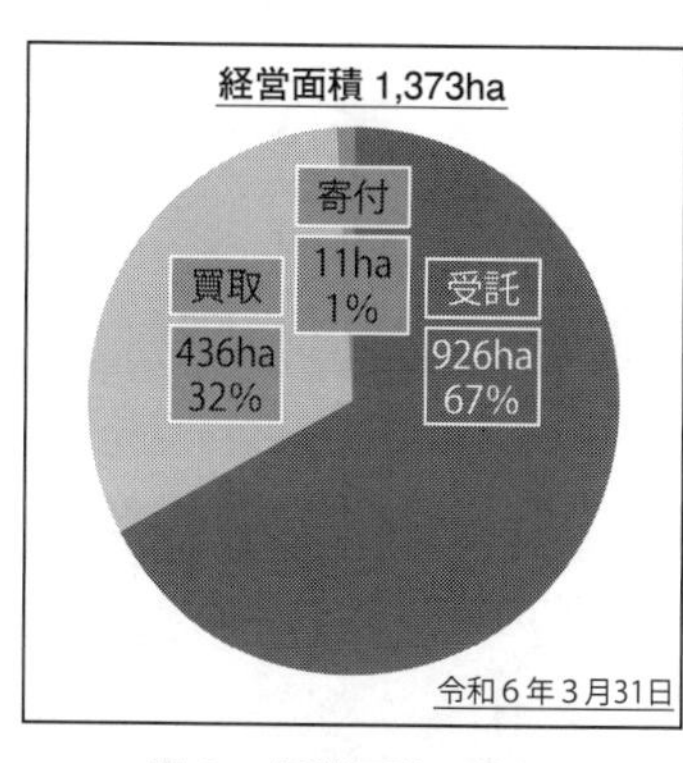

図２　経営面積の状況

に努めています。

２０２４（令和６）年3月31日時点のバンクの経営面積は１３７３ha（図2）。その約7割（９２６ha）が所有者からの経営受託で、買い取りと寄付森林が残り約３割（４４７ha）となっており、間伐の実施面積は累計で５７６haとなっています。経営および間伐面積は、現在拡大中です。

これまでの結果を見ると、多くの森林所有者の皆様からのご希望に応えた事業が展開できており、森林管理面はもとより、設立の趣旨に沿った経営ができているものと自負しております。

プロジェクト登録の状況

Ｊ-クレジット事業の進捗状況に関しましては、２０２２（令和４）年度までの間伐実績に基づく森林経営活動方法論（FO-001）として森林管理プロジェクトを取りまとめ、審査機関による「妥当性確認」の対応等を経て、2024（令和6）年3月に「とくしま森林バンクJ-クレジット（NO1）」が森林管理プロジェクトとして登録できました。当初は、J-クレジットを取り扱う複数の会社の皆様から、登録から発行に至る業務提携に関する提案をいただきつつも、自力で何とか登録までたどり着くことができました。

これまでの業務を通じて、所有森林の状況や施業履歴についても再度詳細に把握ができたことや、販売後の長期に渡る森林管理や制度内容の職員の知見を高める必要があることなどを勘案し、バンク独自で何とかJ-クレジット発行までは実施していきたいと考えているところです。

事業の現状と課題

バンクは、今後も新たな森林の間伐を実施し、間伐林を次々にJ-クレジットの追加発行に持っていく計画です。そのため、今後も制度に基づきプロジェクト計画書の変更と検証を繰り返すことになります。

写真2　ドローンでの巡視活動

同時に森林経営計画も所有者の皆様との契約の増加に比例し、頻繁に義務的変更が生じることになります。事務的には煩雑ですが、林業経営の基本的な手続きとして、当方の職員には意識を高めてもらいたいと考えています。

また、2023（令和5）年度からプロジェクト対象地の巡視活動を開始しました。ドローンを活用しておりますが、その結果はJ-クレジットの報告の用途だけでなく、委託を受けている森林所有者に対して安心感を与えるものとして必要不可欠であると考えています（写真2）。

一方、売却希望森林は我々の予想を上回る面積が寄せられています。買い取りについては、取得費のほか境界杭の設置や登記費用も別途必要となっており、現在のところ、企業の皆様からの寄附金を財源

写真３　買取森林への境界杭の設置

に買い取りを実施しています（写真３）。

　当バンクとしてはこうした寄付金だけでなく、将来、Ｊ-クレジットの売上げの活用によって、林地流動化に関する新たな財源が確保できていくことを望んでいます。

森林管理とＪ-クレジットを結びつける組織に

　最後に、当バンクの組織は、２０２４（令和６）年２月に新たに５市町が社員に加わり、計10市町に社員となっていただきました。県下の民有林の約半数が対象エリアとして事業を実施することとなり、各地の森林資源や森林所有者の状況等はそれぞれ異なっておりますが、関係者と連携し地道に取り組んでまいります。

最近、バンクを代表して挨拶をさせていただく折には、「森林管理とJ-クレジットを結びつける組織」ですと紹介させていただいております。J-クレジットをきっかけとして発足した団体ですが、森林管理プロジェクトでは、将来にわたる「永続性」が重視されます。そのため、プロジェクトの認証期間が満了した後も10年間は森林経営を継続することが求められており、バンクが経営管理を担い、この責務を果たしていくこと、これが、すなわち「本県の森林資源を未来へ引き継ぐ」重要な任務も同時に果たしていくことになると確信しています。

クレジットの販売にはまだ至っていない団体として、この紙面をお借りして発表することは、皆様には大変恐縮ですが、２０２５（令和７）年にJ-クレジットの発行を目指し、市町村、企業、関係団体の皆様のご協力を賜りながら、森林バンク事業の発展に努めてまいります。

長崎県

林業公社によるJ-クレジットの活用
J-クレジット制度で森林資源の新たな価値の創出を

狩野 渉／公益社団法人長崎県林業公社 総務課長

林業公社設立の背景

昭和20～30年代には、戦後の復興と高度経済成長の下、木材の需要が急速に拡大しましたが、戦時中の乱伐や自然災害の影響でその需要が追いつかず、木材が不足しました。これに対し政府は、森林資源の造成および公益的機能の維持増進を目的として、1958（昭和33）年に「分収林特別措置法」を制定し、「拡大造林政策」を推し進めてきました（写真1）。

森林資源の造成が、当時の林政上の最大の課題のひとつとされたことを背景に、水産業のほ

写真１　昭和30年代の造林風景

かに見るべき産業がなかった対馬にとって、全島の88％を占める広大な森林を活用した森林資源の造成は、地域経済の振興を図る上でも有効な手段として期待され、１９５９（昭和34）年６月に全国に先駆けて「対馬林業公社」が設立しました。

また、炭坑の斜陽化が進み、これに変わる産業も見当たらず、未利用森林を活用した森林造成をとおして産炭地域振興を図るため、１９６１（昭和36）年９月に県北地区（長崎県北部地区）を対象とした「長崎県県北林業公社（１９６６〈昭和44〉年に長崎県林業公社に改名）」が設立しました。１９８７（昭和62）年６月に事務局統合を経て、２０１１（平成23）年１月に対馬林業公社を吸収合併し、名称を「長崎県林業公社（以下、林業公社）」に統一しました。さらに翌年、「社団法人」から「公

写真２　50年以上が経過した分収造林地

益社団法人」に移行し、現在に至っています。

事業内容

事業の内容は、林業公社が自らは管理できない森林所有者に代わり、植林から伐採までの森林造成事業を行い、伐採収入があるまでの約50～80年間、造林補助金、日本政策金融公庫資金、県・市町からの借入金を財源として運営します。

このため、伐採までの長期間、収入がなく投資を積み重ねるだけであり、伐採収入が生じた時に土地所有者に契約で定めた一定割合（市町20％、個人30～40％）を交付し、林業公社の取り分（市町80％、個人70～60％）で借入金の償還に充てる計画となっています。

これまで、長崎県下14市町に約1万1０００haのスギ・

ヒノキ林を造成し、その割合は民有林の13％に達しています。この分収林事業をとおして、造林面積の拡大による森林整備、木材供給等で、雇用の創出と地域産業の活性化に大きく貢献してまいりました（写真２）。

困難な局面

社会経済情勢の変貌は激しく、小回りの利かない林業は時代の波に翻弄されました。林業公社発足当時は、経済発展に伴う労働力への需要の高まりから、３００円／日だった作業員の賃金も年々高騰して数十倍にも達し、造林・管理経費を押し上げました。また、１ドル３６０円だった為替レートは、昭和50年代前半には百数十円台まで円高となり、安い輸入材の流入で、国産材も足を引っ張られて価格は下落低迷し、林業経営は極めて困難な局面を迎えていました。

さらに、諸外国と比べ林業作業の機械化の遅れ、林業従事者の不足や高齢化問題も顕在化してきました。このように林業採算性が低下するなど、林業の経営環境は激変し、森林整備の長期的な目標の達成と短期的な情勢変化への対応が課題となりました。

写真３　間伐材を利用したログハウスの建築設計にも挑戦

経営の再建

困難な経営環境に対応するため、昭和60年代には、経費削減などの対応策で事務局統合など庶務管理費の節減に努めました。さらに、森林整備法人の認定を受け、受託事業による収入増の対処策として、建築士・造園士の資格を取得した職員により、間伐材を利用したログハウスの建築設計受託や各自治体が計画する各種公園の設計に携わるなど、斬新的な活動を展開しました（写真３）。また、県民の森施設管理事業にも取り組み、一定の経営改善に寄与するとともに、外部からの評価も集めました。しかしながら、抜本的な解決策とはならず、現在はその事業から一線を引いています。

管理費の高騰や、長引く木材価格の低迷という当初予想できなかった厳しい経済環境の対策として、造林資金の借入先である、県、市町、日本政策金融公庫からは、金利負担の軽減、償還期間の延長、利子助成補助金、円滑な支払いに必要な資金の創設等の金融支援をしていただきました。

林業公社自体も生産コストの縮減策、職員の管理費カット等、身を切る経営改善策を実施するとともに、土地所有者に対し、分収率の引き下げに伴う分収林契約の見直しのお願いに奔走し、まだまだ厳しい経営状況ながらも一定の再建の目途が立ち、今日に至っています。

年間5万㎥の木材生産

発足から50年が経過した平成の後半、搬出可能な間伐材が市場に出回り、ヒノキ材が９割を占める林業公社材は、県外はもとより、海外からの引き合いも多く、一時は県内木材生産の約30％以上を占めるまで生産を伸ばし、直近では年間５万㎥の木材生産の実績となっています。

また、２００８（平成20）年にはいち早く協定価格取引によるシステム販売体制を確立し、市場動向に左右されにくい、安定的な木材取引を実現しております。

間伐事業面積も年間８００ha前後まで実施しており、事業の効率化と素材生産業者の確保を目指し、指名競争入札からプロポーザルによる提案型発注に変更し、大面積発注や長期契約にも取り組んでいます。

環境価値の創出に向けた取組

森林は資源として木材を供給するとともに、国土保全、水源涵養、地球温暖化の対策となるCO_2吸収・固定、生物多様性の保全など環境保全機能も果たしており、２００１（平成13）年の日本学術会会の試算では年間約70兆円と評価されています。しかし、実際には環境の価値を金銭単位で取り引きする仕組みは存在しませんでした。

そうした中、森林の公益的機能を保ちながら木材資源を供給するために、適正な管理のもと、持続可能な森林経営を実践していることの証明であるSGEC森林管理認証を２００７（平成19）年に取得し、第三者に対する林業公社林の評価につながる取組をしています。

その認証材の評価は、東京オリンピック・パラリンピックの選手村や競技施設の整備等に採用されるなど、認証材の認知度は高まって来ましたが、市場に供給される認証材はまだまだ少なく、民間レベルでは活発な取り引きは行われていないというのが現状です。

そこで、さらなる環境価値の創出のため、２００８（平成20）年度からオフセット用のクレジットとして認証する、国内の排出権取引Ｊ－ＶＥＲ制度が、後に発展的に統合した制度としてＪ－クレジット制度が開始され、森林のCO_2吸収・固定機能が価格で取り引きされるようになりました。これは、カーボン・プライシングという考え方で、気候変動問題の主因である炭素に価格を付ける仕組みのことであり、CO_2等を排出する企業などに排出量見合いの金銭的負担を求めることが可能になります。

カーボン・プライシングの手法を具体化したＪ－クレジット制度は、CO_2の排出削減・吸収価値を証券化して、排出削減したい者へ移転・売却することで、排出削減したことになる仕組みです。林業公社では、このＪ－クレジット制度について、２０１４（平成26）年から一部の森林にて取組を始めました。

Ｊ-クレジットの取組

林業公社が取得を目指した森林管理プロジェクトの方法論は、森林経営活動（ＦＯ－００１）であり、その登録の算定方法に必要な要件で「森林経営計画」を策定し、永続性が担保されて

表　認証・取得量実績

年度	認証・取得量	備考
2014年度	4,030 t-CO_2	1年分/700ha
2017年度	12,480 t-CO_2	3年分/700ha
2020年度	12,590 t-CO_2	3年分/700ha
2023年度	34,170 t-CO_2	1年分/10,000ha
計	63,270 t-CO_2	

いること、森林面積が測量により確定していることの条件が既に揃っていたこともあり、比較的スムーズに取り組むことができました。

J-クレジットの取得にあたり、どのくらいの量を取得申請しようかと考えた時、当時は販売先の予定もなく、クレジットの売却ができるか未定であったため、森林管理面積の一部の770haのみ登録の申請を行い、2014（平成26）年に初めてプロジェクト計画が認証されました。クレジット取得後の出口戦略はなかったのですが、2016（平成28）年5月に開催されたG7伊勢志摩サミット開催に伴うカーボン・オフセットの取組に参加するなど、様々な広報活動を行った結果、クレジットの取引量も順調に推移し、需要に対応すべく、クレジット認証申請を3回行い、2021（令和3）年までに合計で2万9100t-CO_2のクレジット登録の認証を受けました。

2021（令和3）年8月にモニタリングプロット調査が、航空機（ドローンを含む）からのレーザー等による測定も認めるようにルール改定が行われたことで、実踏調査が必要でなくなり、大面積の森林で申請が可能となったことから、対馬、五島地区を含む公社造林地約1万haを対象とした新たなプロジェクト計画を2023（令和5）年に申請し、認証登録を受けました。その新たなプロジェクト計画では、16年間の計画期間で約59万t-CO_2のクレジットの認証を見込んでいます（表）。

取引事例

これまで様々な形でクレジットの取り引きをしてきましたが、カーボン・オフセットを通じて、CO_2の削減に努めている企業、なおかつ継続的な取組をしている事例について紹介します。

①㈱伊万里木材市場：従来からの丸太販売の取引先

木材が山から木材市場に搬入される際、トラックから排出される温室効果ガスについて、森林吸収系クレジットを購入することでCO_2など排出のカーボン・オフセットを図る取組です。

写真４　㈱伊万里木材市場と協定取り交わしでの記念撮影

伊万里木材市場は、木材を取り扱う企業として環境保全の重要性から、林業公社との木材取引で発生する収益の一部をクレジットの購入資金として、年間約５００ｔ－CO_2分のクレジットを購入することで森林整備の支援をしています。Ｊ－クレジット取引により、CO_2などの削減活動を通じた環境負荷軽減と森林環境保全を目的に、環境対策の協定を取り交わし、今日まで継続的な取り引きをさせていただいております。

林業公社では協定継続のため、伊万里木材市場を優先的な木材販売先とさせていただき、取組を支援しております（写真４）。

②ヤベホーム㈱：長崎県内で環境貢献活動を展開する地域工務店

ヤベホーム㈱は、長崎県産の木材や自然素材を使用し、住むことで健康で幸せになる家づくりを行っており、植樹体験などをとおして森の大切さを学ぶ森林ツアーなど、環境貢献、地域社会貢献への活動も積極的に行っている企業です。

住宅新設時に建設現場移動に伴い排出される温室効果ガス、年間約60 t-CO$_2$について、J-クレジットを購入することでカーボン・オフセットを図り、「低炭素社会の実現」に向けたCO$_2$排出ゼロ住宅の建設を目指しています。

また林業公社とヤベホームは、「ながさきカーボン・オフセット推進協議会」（後述）の構成メンバーとして、県内のカーボン・オフセットの普及・啓発に協力しています。

③カルネコ㈱：「森林事業者」と「企業」と「消費者」をカーボン・オフセットでつなぐ環境貢献プラットフォーム「ＥＶＩ」を運営

カネルコ㈱は、国内クレジットの流通とカーボン・オフセットの取組を活性化させ、日本の森林保全を推進し日本の森と水と空気を守ることを目的に、環境貢献に取り組む企業と森林事業者のマッチングを行っています。

写真５　㈱ニチレイフーズへのＪ－クレジット取引感謝状贈呈式

これまで冷凍食品メーカーの「お弁当にGood!®」シリーズの売り上げの一部や、缶詰メーカーの「にっぽんの果実」1缶につき1円の拠出など、環境貢献プロモーションによるカーボン・オフセットで、クレジットを購入していただいています（写真5）。

林業公社では、保有クレジットの一部を販売委託という形で継続的に支援しております。

これらクレジット取引による販売収益は、「森林整備促進資金（基金）」として管理し、更なる森林機能の維持のため、森林整備費の一部として活用しています。この取組は、削減系や省エネ系クレジットにはない、森林系クレジットだけが持つ資源循環の取り引きと

写真６　長崎大学環境学部との連携協定調印式

して評価され、優先的な購入につながっていると考えます。

J-クレジットの普及活動

一方、J-クレジット制度の仕組み、目的については、ここ長崎県内ではまだまだ認知度も低いため、県内のカーボン・オフセットの取組を推進することを目的に、J-クレジット創出者および購入者、団体、行政機関が、普及・啓発、情報収集および情報発信を共同で行うため「ながさきカーボン・オフセット推進協議会」を設立し、「カーボン・オフセット」や「脱炭素」についての環境セミナーを開催しています。

更に同協議会では、長崎大学環境学部と、カーボン・オフセットの学術研究、学生への教育支援等の連携・協力の推進に関する協定を締結し、教育や講演などを通じて、カーボン・オフセットの新たな可能性の探求、社会的な理解をより広げていくことにしています(写真6)。

森林吸収系のJ-クレジット制度における取り引きの狙いは、森林資源の新たな価値の創出によるクレジット売却収益の確保でありますが、最終目的は、資金の循環による森林資源の循環で、経済と環境保護の両立を目指すことであり、環境対策への新しい流れを作り出すことだと考えています。

事例編3

森林組合・生産森林組合・財産区

根羽村森林組合

金勝(こんぜ)生産森林組合

久留米市田主丸財産区

長野県根羽村

森林組合によるJ-クレジット制度の活用
J-クレジット創出で組合員の経営意識を醸成
～持続可能な森林経営と地域づくりに向けて～

大久保　裕貴／根羽村森林組合　総務課長

根羽村と根羽村森林組合について

根羽村は「信州の南の玄関口」と呼ばれ、長野県の南端に位置する人口900人の小さな村です。古くから村の全戸が少なくとも5・5haの山林を所有、そして森林組合員となって一村一森林組合の形態を維持しながら林業を基幹産業として暮らしてきました。また、三河湾に注ぐ一級河川である矢作川の源流地域として、愛知県安城市の「明治用水土地改良区」による水

写真１　矢作川源流の碑。水源の森林保全を通じて「流域連携」を深めてきた

源かん養のための山林取得など、水源の森林保全をとおして「流域連携」を深めてきた長い歴史もある、矢作川源流の森の村です（写真1）。

根羽村森林組合は、全村民が下流域市民とともに育んできた豊かな森林資源を管理しながら、その価値を最大限に引き出すために日々業務に励んでいます。そのために、樹木の伐採、製材工場による加工、流通販売までを一手に手掛け６次産業化する「トータル林業」システムを確立し、中間流通コストを省いた産直住宅などの高付加価値の地域材需要創出を行ってきました。またＳＧＥＣの森林管理認証（ＦＭ認証）と流通加工認証（ＣｏＣ認証）を取得し、環境に配慮した適切な森林整備と木材生産加工を行うとともに、木育活動の積極的な実施やＪ－クレジットの販売を行うなど、根羽村の森や木材のブランド力の向上と収益化に努めています。

Ｊ－クレジット制度に取り組んだ背景

根羽村では古くから各世帯が山林を所有し、熱心に山づくりをしてきましたが、森林組合員の高齢化や世代交代が進む中で、近年は山林を手放したいといった相談を受けることが増えてきました。原因のひとつとして、山元にお金が戻らないことが挙げられます。現在の立木価格や搬出コストを考えると皆伐後の再造林コストが賄えない状況が多く、もう一度再造林して山林を管理していこうという気持ちになりません。

また、自ら植林し山を育ててきた世代の方と相続した次世代の方では、山に対する思いが全く違いますし、林業は収入を得るまでに長い期間が必要で、相続された方は特にこの時間の感覚が理解しにくいと思います。毎年支払う固定資産税などに目が行くばかりです。

そこで、Ｊ－クレジット制度ですべてが解決するとは思いませんでしたが、クレジット販売により山から定期的な収入を得て、「山を持っていて良かった」と感じ、継続的に山や地域に関わっていって欲しいという思いからＪ－クレジット制度への取組を始めました（写真2）。

写真２　Ｊ-クレジット認定証贈呈式

販売に至るまでのプロジェクト

　プロジェクトの特徴は、組合員所有の私有林を根羽村森林組合が取りまとめ、１つのプロジェクトとして申請したところです。申請費用は当組合が負担し、収益は山林所有者の収入増が大きな目的ですので、山林所有者と当組合で分け合う形となります。

　当時はＪ-クレジット制度へ取り組んでいる森林組合も少なくマニュアル等もなかったので、制度事務局の支援事業を活用しながら手探りで計画書の作成を進めていきました。審査機関とのやりとりの中で修正を求められる場合も多く苦労しましたが、根羽村では森林組合と山林所有者との関係性が深く理解が得やすかったこと、村内全域の国土調査が済んでいて境界が明確化していたこともあり、プロジェクトにはスムーズに取り組むことができました。

プロジェクト登録までの流れとしては、2014（平成26）年8月に制度説明会へ参加し、同年10月に山林所有者への説明会を開催。説明会は地区の集会に合わせて開催する形を取り、村内全地区で説明会を開催しました。説明会では、制度内容の説明をはじめプロジェクトへ参加する特典や制約を説明し、山林所有者と当組合で覚書を締結しています。そこから妥当性確認、モニタリング調査、検証を行い、2016（平成28）年12月にプロジェクト認証を受けています。

J-クレジット活用のスキーム

創出したクレジットは、販売することで収入になるので、販売先の確保がとても重要です。他のクレジットと比較して高価格の森林クレジットがどのようなポジションを取り、どの顧客へ販売していくのか、顧客のニーズは何か、そしていかに伝えるか。クレジット創出と合わせてできればプロジェクトに取り組む前の検討段階で情報収集や営業活動をしておくことをおす

写真３　村立根羽村学園の環境教育活動をはじめ、サステナブルな取組をPRすることでクレジット販売につなげている

すめします。

販売の際に価格で勝負するのか、付加価値で勝負するのか。私たちのプロジェクトは、小規模の山林所有者を取りまとめたもので、大量にクレジットを創出し低価格で販売できるものではありませんでしたので、いかに付加価値を付けるか、そして共感し購入してもらうかがポイントでした。

私たちは森林認証、加工流通認証の取得、木質バイオマスボイラーの導入（製材工場で発生するバーク、おが粉で木材を乾燥）、環境教育への積極的な取組（累計参加者１万人に対して環境教育を実施。２０１９〈令和元〉年度には根羽村立義務教育学校根羽学園の９年生がＳＤＧｓまちづくりコンテスト優秀賞を受賞。この活動を森林組合としてサポート）、長野県ＳＤＧｓ推進企業への登録、新たな木材活用への取組（木から糸・布を作り販売。消費ではなく還元の仕組みづくり）、現場での生分解性オイルの使用、水源の森の保全活動など、環境に配慮されたサステナブルな取組へのチャレンジをＰＲすることで販売につなげています（写真３）。

実績・成果

販売方法は、①自ら販売先を見つける、②仲介事業者を活用する、③Ｊ－クレジット制度ＨＰを活用する、④市場取引などが挙げられ、当組合では主に①自ら販売先を見つける、②仲介事業者を活用する形で販売を行い、認証を受けたクレジット２４０ｔ－CO_2のうち、２３１ｔ－CO_2を販売することができました。

販売事例を１つ挙げますと、当組合では製材工場も運営していて、その取引先の工務店が「地材地建」の物件を１棟建築するごとに３ｔ－CO_2のクレジットを購入していただいています。こうした取組は住宅のオーナー様にも紹介され、オーナー様のご自宅への愛着につながっていることを実感しているそうです。この取組を継続的に行い、消費者を巻き込んだ木材利用と森

写真4　日々チャレンジしている職員たち

林保全につなげていければと思っています。

また、Ｊ－クレジット制度に取り組むことで同業・異業種のつながりが増え、様々な意見交換を行うことで、森林の持つ価値や外から求められていることへの気づきが多くありました。当組合の職員も第三者の視点が入ることで、自分たちのしている仕事の価値の再発見、より良くしていかなければならないこと、もっと皆さんに伝えていかなければならないことなどを知ることができたと思っています（写真4）。

今後の展望

現在、根羽村と協力して村有林でのクレジット創出の計画、私有林での2回目のプロジェクト登録を検討しています。販売に関しては、地元に関わりのある企業や矢作川下流域を中心とした企業への営業をしていきたいと思っています。これは、クレジットの売買をきっかけに中長期的なつながりを持ちたいからです。購入先企業からプラスアルファの支援を受けられる可能性もあります。クレジット創出者側も植林活動の場の提供などプラスアルファの価値を提供することで、クレジット売買だけでなく様々な関係を持った長いお付き合いができるのではないでしょうか。

森林を守ること、それは地域を守ることにつながると考えます。根羽村は、2020（令和2）年度に人口社会増となりました。最近は森林をもとにした事業にチャレンジしている方も多く、森林組合がベースとなる部分を支えています。

以前、下流域の方から「なぜ不便なところに住み続けているの？　林業するにも通えば良いんじゃない？」と聞かれたことがあります。その場で話はしましたが、うまく言葉にできなかったし、相手も腑に落ちない様子でした。

これから、私たちが地域に暮らす意義をしっかりと示していかなければなりません。そして、持続できる林業や森づくり、地域づくりにチャレンジしていきたいと思っています。

滋賀県栗東（りっとう）市
J-クレジット制度で生産森林組合の経営安定化
先進的、かつ持続可能な森林経営
ふるさとの山を未来につなぐ

澤　幸司／金勝（こんぜ）生産森林組合　組合長理事

金勝生産森林組合設立の経緯

当組合がある栗東市は滋賀県の南部に位置し、国道1号線・8号線や名神高速道路など交通の要所として栄え、多くの企業も立地しています。また、寺社や古墳群などの歴史遺産や緑あふれる森林資源に恵まれ、古くから都造営等の木材供給地となっており、江戸時代には住民が「入り会の山」として、権利を有していました。しかし、1871（明治4）年に社寺上地

写真１　組合の山からの眺望

令により一時は官有地となり入会権が消滅。その結果、地域住民の生活や農業に著しく支障を来すことになりました。これに反発した金勝村の払い下げ運動の結果、１９０３（明治36）年に６集落に払い下げられることになり、この払い下げ運動に従事した先人のおかげで翌年に設立されたのが金勝山林保護組合です。１９５４（昭和29）年には町村合併の際に町財産となるのを防ぐため金勝財産区が設立。１９７５（昭和50）年には全国植樹祭会場に選出されるなどを経て、１９８３（昭和58）年に当組合が法人化し、現在に至っています（写真１）。

若い組合員に林業の魅力を示す

現在の経営状況ですが、木材販売においては間伐を

写真２　間伐を主体に年間 1300㎥を出荷

主体として年間約１３００㎥を木材市場に出荷しています。１㎥当たりの販売価格は約１万円程度ですが、市場に出す経費が1万6０００円かかります。１㎥当たり6０００円の赤字です。ありがたいことに、補助金を１㎥当たり8０００円いただいていますので、２０００円の利益です。原木1本当たりにすると5００円、タバコ1箱程度の利益です（写真2）。

この数字を組合員に話すと、林業の現実に驚くとともに「若い組合員が林業に興味を持てない」「林業離れもやむを得ない」ということになります。これでは組合の経営が成り立ちません。何とか新しい取組を行い、若い組合員に林業の魅力を示し、林業の成長産業化、イノベーションを通じて当組合の経営の安定化を図り、林業をビジネスとして定着させていかなければなりません。

滋賀県下で初めて森林認証を取得

2011(平成23)年に滋賀県下で初めて森林認証を取得し、現在13年が経過しました。当組合と販売先である市場もCoC部門として森林認証を取得しており、生産者(FM)と販売部門(CoC)が一体となって認証材を市場に出しています。現在では、認証材として広く認識され、ユーザーから高い評価を得ています。成果の1つとして、東京オリンピックの主会場、新国立競技場の一部用材としてスギ材80㎥を出荷しました。このことは、組合員の大きな誇りとなっています。

地元商工会との連携で森林整備

地元、栗東市商工会と2008(平成20)年に「栗東きょうどう夢の森プロジェクト」を結び、15年目になりました。この協定は低炭素社会の構築を目指すとともに、地域の振興に寄与する目的があります。具体的には商工会会員企業のうち、百数十社にご賛同いただき、1口1万円で地元の森林整備のための資金を提供していただいています。森林整備の促進は、当組合に

写真3　フォレストアドベンチャー・栗東

とって組合員のモチベーション向上につながり、企業側には環境貢献、企業PR、社員研修、福利厚生の一環とし当組合の森林を利用していただくことで双方大きな利点があります。これまで4回契約更新をしており、2024（令和6）年2月に3年間の継続更新を行いました。

フォレストアドベンチャーの誘致で地域活性化

民間企業で滋賀県初のアウトドアパーク「フォレストアドベンチャー・栗東」（写真3）は、立木を利用した遊具施設であり、大人から子どもまで山を楽しめる施設として当組合林内に開設しました。開設して7年目になりましたが、入場者数は1万5000人／年を超えています。コロナ禍で一時は集客が落ち込みましたが、現在では入場者数も元に戻っています。森林空間での遊具施設は大変人気を呼んでおり、地域の活性化に大いに貢献しています。更に2023（令和5）年にはトレールアドベンチャー（マウンテンバイクコース）も開設し、特に若いファミリー層に人気です。また、大学のオリエンテーリング部の活動の場としても利用いただいています。

県の協力を得てJ-クレジットに着手

SGEC森林認証が軌道に乗り、更に新しい取組を模索していたところ、滋賀県の担当当局からJ-クレジット制度の話を聞きました。地球環境問題が取りざたされてきつつある現在、「これは絶対にいける」という直感で取り組みました。この取組も若い組合員が林業に可能性を見出し、山に関心を持ち、自信と誇りを持ってもらうために行ったものです。

当初はJ-クレジットが何かもわからず、県の担当者や先進地であった兵庫県神戸市（現・㈱日本オフセットデザイン総研・浦上氏）に教えを請い、クレジット登録申請・クレジット認証申請に着手しました。当時はJ-クレジット制度の先進事例も少なく、マニュアル等も整備さ

写真４　現地調査は組合役員を動員して実施

れていなかったため、県の担当者に指導をお願いしました。また、紹介されたコンサルタントに委託し、森林業務委託先である滋賀南部森林組合の施業実績を取り寄せ、必要書類を準備しました。

現地調査は組合役員を動員して行い、コンサルの指示による毎木調査等、業務に励みました（写真４）。組合所有林４８９haのうち、80haを対象として８年間の経営計画の中でプロジェクト計画を立ち上げました。２０１６（平成28）年２月に計画書作成・妥当性の確認・モニタリングを終えプロジェクト登録が完了しました。翌年３月にまず１５１t-CO_2を創出し、現在までのクレジット認証数は１６００t-CO_2となっています。

組合による営業で1300t‐CO_2販売、安定経営に寄与

創出したJ‐クレジットは販売して初めて収入となるので販売先への営業をしなければなりません。そのため、プロジェクト登録と同時に東京国際フォーラムで行われた森林系クレジットの流通プラットホームの会合に出席し、カルネコ㈱プロバイザーの知識を学び、クレジット販売のノウハウを伝授していただきました。

県の担当者からは販売に関しての手助けはできないと言われましたので、組合長が営業本部長を自認し、慣れない売り込みに励みました。当時、滋賀県では琵琶湖環境ビジネスメッセが開催されていたので、その会場の一角をお借りし、販売活動を展開しました。森林由来のJ‐クレジットは他になく、大津市に本社を置くある企業のオーナーの目に留まり、個別営業にこぎ着け、めでたく50t‐CO_2の販売に成功しました。以降、地元企業を中心に5年間で1300t‐CO_2余りを売り上げることができ、当組合の貴重な収入源として経営安定化に寄与しています。

具体的な営業戦略ですが、全くの素人集団であったため、暗中模索の中でまずは営業用のパンフレットを作成し、あらゆる機会をとらえて営業を行いました。営業では現在の組合の経営

写真５　県内のプロバスケットチームとのクレジット授与式

状況を説明し、森林の持つCO$_2$吸収能力や企業の環境貢献へのメリット、社会的情勢の中での企業の立ち位置などをお伝えし、売り込みを行いました。

営業では大変苦労することもあり、その中で「寄付をせよと言うことか」と聞き直られる場面もありましたが、Ｊ－クレジットの真の目的を辛抱強く丁寧に説明し、理解を得るべく努力したことが功を奏し販売に結び付けることができました。販売事例の中には、建設会社が工事現場での排出CO$_2$を相殺する目的でＪ－クレジットを購入していただいている事例があります。その企業では従業員の環境への意識改革や取引業者の環境に対する啓発などにつながり、「対外的信用の向上にもつながっています」と大変感謝されています。

写真６　クレジット購入を通じて森林整備に参加する企業もある

　また、プロバスケットチームが県下で開催される試合ごとの排出CO_2を算出し、それに見合うクレジットでオフセットすることを目的とし、購入していただいています（写真５）。２０２２（令和４）年に滋賀県で開催されました全国植樹祭での排出CO_2もオフセットしていただきました。

29社のリピーター確保、2回目登録へ

　現行のプロジェクトで創出したクレジットは、ほぼ売り切れの状態が見込まれるので、現行プロジェクトの継続の中で新たな創出を行います。また、２回目のプロジェクト登録も視野に入れ活動を行います。

現在、29社の企業の皆様にリピーターとして毎年継続してJ-クレジットを購入していただいています。各企業の皆様とは、クレジットの売買を通じて中長期的なつながりを持ち続けたいと思います。これをきっかけに森林整備への参画を申し出される企業もあり、社員の福利厚生の一環として当組合の山林を使っていただくメニューを考えています（写真６）し、クレジット売買だけでなく、様々な関係を持った長いお付き合いができると考えています。

先達から受け継いだ貴重な森林、それを守ることは地域の活性化にもつながると思っています。当組合のこうした新しい取組を通じて、次の世代、若い世代の皆さんに林業も面白い、林業の可能性は大きいと思っていただけるよう、そして、この貴重な森林を次の世代へつないでいくことが私たちの使命であるという思いで頑張っています。

福岡県久留米市

Jークレジット制度で財産区有林の経営改善

「800haの可能性」を求めて財産区有林の付加価値創造

吉弘　辰一／福岡県久留米市田主丸財産区　区議会議長・吉弘製材所代表

造船設計士から木材業界へ

私自身の経歴から紹介します。空の仕事を夢見て、工業高校の航空機関コースを卒業し、社会の一員として初めての仕事は航空機の製作でした。1970（昭和45）年当時はYS11の最終号機製作にも関わることができ、今に思えば敗戦後に閉ざされていた国産航空産業時代の輝かしい幕開けを感じる明るい未来が観えていました。

その後、造船の船体設計に挑戦しましたが、1971（昭和46）年のドルショックにより日本の造船業界は打ち砕かれ、設計の仕事も途絶え、新たな仕事を始めねばと就職したのが福岡市木材協同組合でした。そこには原木市場と製品市場が併設され、原木市場担当となった身としては、製品市場にも関心を深めて値動きのダイナミズムを感じる日々でした。

ある製品市日の競りを応援する機会があり、市が終わって上司に「同じ寸法の柱でありながら値段が違うのは強さの違いか？」と尋ねると「見かけの問題だ」と怒鳴られました。更に疑問が増して「一番安い、節がある芯持ち柱はどうだ？」と畳みかけると「あれが安くて一番強い！」との返事に愕然としました。

そこには木に対する考え方について、私の技術屋としての本質へのこだわりとの隔たりがあると思い至りました。素材価値の最大化を求める設計思想の根源には、ものの極限や限界点の見極めがあります。商品として見かけも大事ですが、その見かけだけが重視される木材産業であれば、構造物としての木造建築は廃れるだけだという確信がありました。

このように技術者としての経験から、構築物を構成する部材がまともな選別をされずに建っている当時の木造建築は「偽りの家造り」だと強く感じたわけです。こんなことは永くは続かない、近いうちにまともな建築構造物になるはずとの想いを抱いて業界の仕事を続けました。

財産区区議会議員として財産区経営に参画

やがて妻の実家の製材所を継ぐことになり、私なりの経営改善計画に基づき、周りの声を気にせずに粛々と経営改革を続けました。そして18年前に久留米市と田主丸町の広域合併で約８００haの財産区誕生と同時に財産区区議会議員に就任。財産区基金３億円の長期財政計画を見て（表1・図1）、20年後には森林整備予算でほぼ８割の基金を消化する計画になっているのに驚きました。「これはおかしい。なぜ財産区資源を活かした山づくりが計画できないのか」と行政官に問うと、「山林経営の専門家がいないため長期計画が立てられない」との説明に愕然としてしまいました。

「全国どこでもこうした状況ならば、我が国の森林・林業の未来も描けないのではないか」、そんな思いもあり、日々何とかならないかと思考を重ねながら国庫補助金などの利活用を模索していたところ、２００８（平成20）年に「オフセット・クレジット（J-VER）制度（２０１３〈平成25〉年度から国内クレジット制度と発展的に統合し、J-クレジット制度を開始）」が創設されたので、すぐに財産区有林に適用できないかと検討しました。

私が木材市場や財産区の長期財政計画に関わって感じ続けていた違和感・問題意識に対して、

表１　基金の概要

・経緯	平成17年の１市４町合併に伴う田主丸財産区の発足に伴い、地域振興基金から３億円を積立
・運用	基金から２億円を国債等で運用し、その他を預金として預け入れ（年間約100万円の運用益） ↓ 区有林の保育事業や議員報酬・選挙等の費用に、基金から取崩している状況

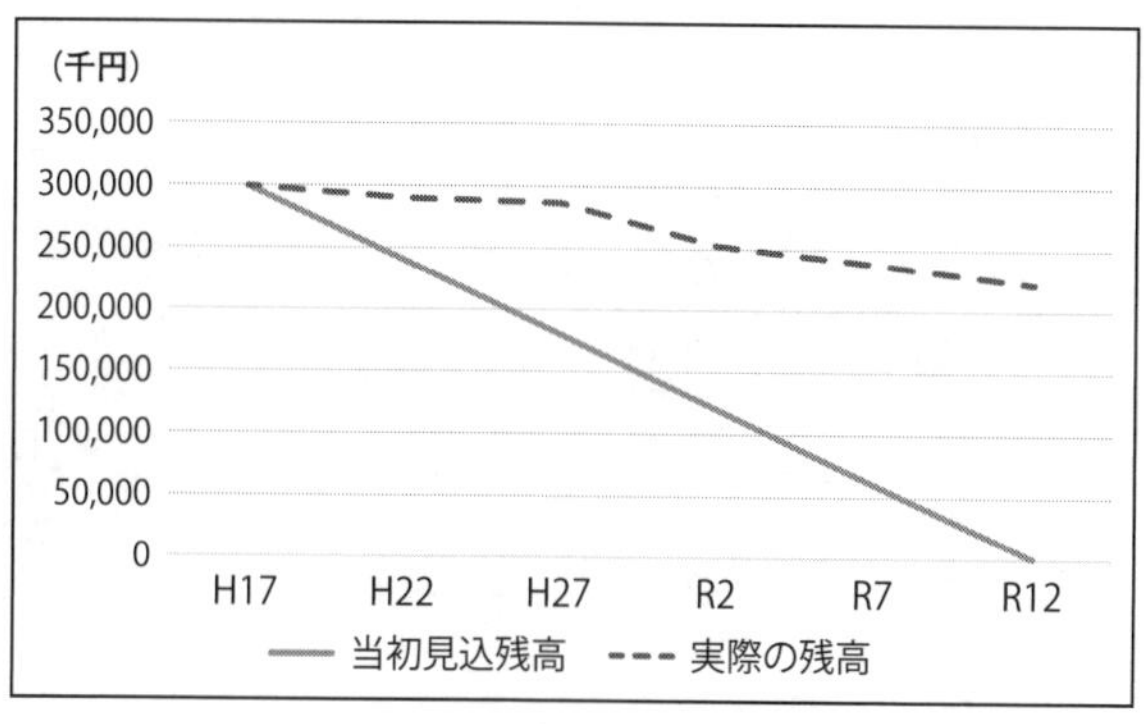

図１　財産区基金残高の推移

「この財産区の森林整備で打開点を見出してやるぞ！」との意気込みで当時のJ-VER制度（現J-クレジット制度）への挑戦を始めました。

関係者への丁寧な説得が認証取得のカギ

最初に環境省から受けた説明では、かなりハードルが高いと感じながらもJ-VER制度の「森林経営プロジェクト」への可能性を見つけました。間伐をしたことによる林地全体の吸収量が増えるという理屈でした。「これしかない」と信じて手続きの説明を求めると行政官は「当財産区有林の場合、森林施業計画書に基づく施業資料が揃っていることが原則」との答え。幸いにも当財産区有林は浮羽（うきは）森林組合に施業を委託契約しているため施業記録は詳細に保存されており、これにより認証取得の条件となる森林伐採後の確実な更新を担保し炭素ストックを維持するための証明が可能となりました。

しかしながら認証取得には入り口で大きな障害がありました。まずは財産区基金200万円程度を取り崩して予算化し、議会承認後に実行できるわけですが、議会議員も行政官も全くJ-VER制度のことを知らないし理解できない現実が待っていました。多く寄せられる素朴な疑問に対してジグソーパズルをハメ込む状態です。「山や木は林野庁の管轄でしょう。なぜ環境省のものが使えるのでしょうか?」「売るモノがないのにカネをとれる話っておかしいじゃないですか?」、このような質問は仕方がないことと思いながら丁寧に時間をかけて説明を繰り返し、ようやく承認へとたどり着けました。

こうして認証機関と森林組合、行政官との連携がどうにかつながり、最初のオフセット・クレジットとして発行できる販売可能t-CO_2数が導き出されました。2012（平成24）年度に「久留米市田主丸財産区間伐推進プロジェクト」として国の認証を受け、「かっぱの森J-クレジット」の名称で販売価格を1万円／t-CO_2に設定し（表2）、「誰でも、CO_2を1万円から購入」をキャッチフレーズに販売を開始しました（表3）。

クレジット購入先へのアプローチで投下資金を回収

次の関門はいかにしてクレジットを早く売り上げ、投下資金を財産区基金に回収するかでした。地元の環境コンサルたちと組んで、クレジットを購入してくれそうな企業を対象に環境セミナーを開催したり、企業訪問したりの連続でした。ようやく最初のクレジット購入企業と出

表２　かっぱの森Ｊ－クレジット販売単価

条件	単価（円／t -CO_2）
①特例なし	10,000
②数量特例（t -CO_2 基準）	
50 t -CO_2 以上、100 t -CO_2 未満	8,000
100 t -CO_2 以上	5,000
③継続購入特例（年度基準）	
２年度目	前年度単価－10％
３年度目以降	同様に前年度単価－10％とする。ただし、最低単価を4,500円とする

表３　かっぱの森Ｊ－クレジット販売実績

年度	購入数（t -CO_2）
2012（平成24）年度	46
2013（平成25）年度	162
2014（平成26）年度	175
2015（平成27）年度	111
2016（平成28）年度	135
2017（平成29）年度	193
2018（平成30）年度	196
2019（令和元）年度	185
2020（令和２）年度	242
2021（令和３）年度	116
2022（令和４）年度	579
2023（令和５）年度	293
総計	2,433

写真　すべてのクレジット販売代金は財産区有林の整備に利用

会い20t－CO_2売却契約が完了したときの想いは今でも忘れられません。

その後、地元のコミュニティーセンターにて小学生を対象とした環境学習会などを開催し、その際に排出するCO_2を計算しその一部をクレジットで相殺する取組を始めました。この活動を地道に進めていると、これが話題となり少しずつですがクレジット購入者が増えていき、2023（令和5）年までの累計償却数は2433t－CO_2になりました。その販売代金はすべて財産区森林整備に利用され、地域の里山環境森林整備への一助となっています。結果として財産区基金は、現在当初計画に反して（？）安定した残高を維持しています。

　更に、近い将来、財産区権利者の田主丸の人たちが必要とする取組等に対して、資金提供ができるような仕掛けづくりを考案中です。それができてこそ本来の財産区のあり方だと考えています。

財産区有林の未来を拓くJ-クレジット

　私は、財産区議会人としての業務は2つの道が並行してあると考えます。1つは専門性を活かして行政官の業務を支援しながら同時に財産区に対する行政官のファンを育てること、もう1つは財産区の存在価値を高める仕事をすることの2通りです。

　残念ですが森林業を含む1次産業を中心とした中山間地域では高齢化が進み、その結果、若者たちが参加しにくい状況が続いているのが現実です。つまり、第1次産業は、新たな付加価値創造のイノベーションによる斬新な成長要因が必要な状況にあって、それを担っていく若者を育成し活躍してもらうことが必要です。残念なことは、こうした新たなチャレンジに向き合おうとしない関係者が多いということです。

当財産区議会議員はもうすぐ5期目に入りますが、今では私からの働きかけや地域学習活動の影響で森林管理に対して意欲のある方々が増えてきています。財産区有林の未来は明るいと予測できます、財産区業務を経験した若い行政官のファンたちは、今では地域創生や財務行政の現場活動で生き生きと優秀な職員として活躍しています。

J-クレジットは地方の小規模な自治体においては、森林整備をしながら、木を伐らずにカネを生みながら、人財育成を可能とするとても重要な「学習ツール」だと私は財産区管理者である久留米市長に説明しています。そして新たに東証へのクレジット上場も1つの手段と考えます。

おわりに

財産区有林による地域創生とJ-クレジットとの関係性、いかがだったでしょうか?

2023(令和5)年3月に東大弥生講堂で行われた「GXを巡る科学と政策ダイアローグ」で、林野庁長官が講演された内容の一部に「森林の循環利用とSDGs」がありました。J-クレジット制度も含むあらゆる関係主体との多様な関わりを拡げて地域活性化につなげるとの発言は、我々日本国のモノ資源、ヒト資源の存在価値を見直し、それに係わる人々の仕事をリスペクトする仕掛けが今求められていると感じました。

このように新たなJ-クレジットの活用と16年間の長期販売計画が、道に乗り動き始めたと喜びを感じた矢先に、2023（令和5）年7月9・10日の線状降水帯からの連続して降る雨が、私たちの山の一部に爪痕を残してしまいました。ほぼ300年前にも起きていたとの古文書がありましたが、まさにそれが起きたわけです。連続11時間も降り続いた雨の量はどんなに手入れを施していても限界点を超えていましたが、森林再生への手を緩めることなく次世代に渡せる豊かな森づくりを地道に続けます。

現在、森林総研のプロジェクトを活かして財産区有林を災害に強い森づくりへと進行中です。森林総研は5カ年計画で進行しながら、私たちは災害対応しながらも里山自然を生かした人が集まって楽しめる森づくりを同時並行して進めています。今は山地災害復旧へと行政官たちとタッグを組んで邁進中ですが、目途が立てば近いうちにまた新たな話題を通じて読者の皆さんにお目にかかる機会があると思います。

事例編４

営利法人

株式会社栃毛（とちもう）木材工業

東武鉄道株式会社

須山木材株式会社

株式会社たなべたたらの里

栃木県鹿沼市

民間事業体によるJ-クレジットの活用
地元企業との森林管理の新たな可能性を創出

関口　弘／株式会社栃毛（とちもう）木材工業　代表取締役

モットーは「1本の苗木から家づくりまで」

弊社は栃木県の南西部に位置する鹿沼市（旧・粟野町）を拠点に、育林・素材生産・製材・チップ製造・建築業を営んでいる会社です。「1本の苗木から家づくりまで」を会社のモットーとし、国産材の需要拡大に努めています。

いくつかある業務のうち、山林部事業がメインとなり、栃木県、茨城県および群馬県にある所有山林は2本の森林経営計画（2630ha：内、自社所有林2146ha、経営委託林484ha）

を策定し、計画に即した森林整備を進めています。素材生産においては多くの高性能林業機械を駆使し、常時20名近くのメンバーが山林業務に従事しています。

製材工場ではスギ、ヒノキの製材を年間2万5000m³、チップの製造を年間3万m³（原木量換算）行い、自社建築物件、非公共物件、工務店へと国産材使用の拡大に努めています。

森林吸収プロジェクトでクレジット創出

J-クレジット制度とは、省エネルギー設備の導入や再生可能エネルギーの利用によるCO_2等の排出削減量や、適切な森林管理によるCO_2等の吸収量を「クレジット」として国が認証する制度です。国内クレジット制度とオフセット・クレジット（J-VER）制度が発展的に統合した制度で、国により運営されています。

森林分野（森林管理プロジェクト）では、「森林経営活動」「植林活動」「再造林活動」の3つの方法論があります。森林経営活動は、森林法に基づき市町村等に認定された森林経営計画に沿って適切に施業されている森林、また植林活動は、2012（平成24）年度末時点で、森林でなかった土地で植林された場合、再造林活動は無立木地（伐採跡地、未立木地）および1齢級

（1年生～5年生）の森林が対象となり、当該区域の森林の成長による吸収量（排出量を控除した純吸収量）を算定してクレジットとして認証申請することができます。

弊社ではこの分野のうち、森林経営活動（森林吸収プロジェクト）に携わっています。森林吸収プロジェクトは、森林の施業または保護を通じて森林経営活動を実施することにより、吸収量を確保する活動です。

J-クレジット制度に取り組んだ背景

私がＪ－クレジット制度を知ったのは10年ほど前でした。それまでは少し気にはなっていたものの、世の中の環境への関心などを鑑みるとまだ早いのかなと思い、取り組んでいませんでした。

２０２０（令和２）年の臨時国会所信表明演説にて、菅義偉前首相は２０５０年までに温室効果ガスの排出を全体としてゼロにし、カーボンニュートラル、脱炭素社会の実現を目指すと宣言されておりました。近年ＳＤＧｓという言葉など耳にするようになり、温室効果ガス削減への関心はありましたが、実際にどのような方法で森林はＳＤＧｓと関われるのか不透明な部分がありました。この宣言を聞いた時に、森林の新たな可能性を感じました。このＪ－クレジット制度のカーボンクレジット化は、我々には見えなかった数字（吸収量）が見えるようになります。そして、放置されていた森林の整備も促進されます。

クレジット創出までのスキーム

クレジット創出までのスキームは、①プロジェクト登録、②検証（クレジット化）です。①、②では第三者の審査機関により審査をしていただきます。森林経営活動プロジェクトでは、プロジェクトが登録された後に現地のモニタリング調査（地位の確定）を行います。我々はクレジット化するまで１年半くらいの日数を要しました。

プロジェクト登録は経営計画をまとめ、モニタリング個所の選定を行います。審査機関には主に経営計画内にて登録がなされ、モニタリング選定個所が適地なのかを確認していただきます。プロジェクト登録後に実際にモニタリング調査を行います。モニタリング個所は面積に応じて増えます。

検証（クレジット化）では、経営計画内の施業履歴や根拠、モニタリング調査結果の確認を行

写真　モニタリング風景

い、吸収固定量の算定の妥当性を確認します（写真）。また上記の登録と検証の審査費用ですが、それぞれ数十万〜数百万円かかりました。審査費用支援を活用しますと条件はありますが、登録であれば70％支援、検証であれば90％支援が受けられる可能性があります。条件は変更される場合があるため、詳細は制度ホームページを要確認（J‐クレジット制度ホームページ「申請手続支援参照」https://japancredit.go.jp/application）。

地元銀行との連携で着実なクレジット販売

J‐クレジットを始めるにあたり危惧した

ことは、創出したクレジットの需要と供給バランスがとれるのかなということでした。既にクレジットを創出している方にお話を伺ったところ、創出したクレジットをすべて売るのは難しいとのことでした。

そこで、地元の足利銀行と提携してクレジットを販売していくことを考えました。カーボンクレジットは木材業界以外の全業界の企業との取り引きになることが想定にありましたので、我々は創出する側、足利銀行は売る側とお互いに得意な分野から環境ビジネスに関わることで懸念事項が解消されるのかなと思いました。

また、１つの特徴として基本的には地産地消の考え方で販売していくことです。なるべく栃木県で創出したクレジットは地元に関わりのある企業へと、１つのブランディングを付けることで地元企業様のＣＳＲにも活用しやすくストーリー化されていることもあり、行政とも一緒に活動していけたらと考えています。Ｊ－クレジットの創出と販売の普及、かかる費用の助成などで関われたらと思います。

実績と成果

2022（令和4）年9月に栃木県山林（182ha）の森林吸収チケット（約1200t－CO_2）を創出しました。足利銀行より数社ほど地元の企業を紹介していただき、チケットを販売させていただいております。現在は数社とクレジット売買を締結でき、今後に期待したいです。

ご購入いただいた企業にJ－クレジットを購入する目的を伺ったところ、いくつかの理由があり、企業のPR効果、カーボンオフセットへの活用、海外の投資家に向けたPRなどとお聞きしました。今後、カーボンクレジットを活用していただける企業もますます増えてくると感じています。

今後の展望

森林経営活動プロジェクトでは、自社有林の茨城県、群馬県、栃木県（全森林）を2023（令和5）年度内に登録からクレジット創出まで行い、創出クレジット量の拡大を目指します。

このJ－クレジット制度では木材業界にとって新たな収入源ともなります。この制度で入って来る収入について、私は森林所有者に還元されるべきと考えています。森林所有者に収入の還元をしっかり行うことにより、森林への関心も向上し、放置森林が少しでも少なくなれば良いと思います。今後はそういった仕組みの確立に尽力していきたいと考えています。

引用文献

Ｊ－クレジット制度ＨＰ／Ｊ－クレジット制度とは―Ｊ－クレジット制度（japancredit.go.jp）林野庁ＨＰ／Ｊ－クレジット制度（maff.go.jp/j/Sin_riyor/ondanka/J-credit.html）

東京都

鉄道会社によるJ-クレジットの活用

社有林の整備資金確保・環境貢献活動を推進

植木　彩恵／東武鉄道株式会社 資産管理部課長補佐

はじめに

東武鉄道は、1897（明治30）年11月1日、当時の日本の代表的な輸出品であった絹織物を産する両毛地域（栃木県・群馬県の一部）と東京を結び、沿線各地の産業・企業の発展、遠隔地のお客様の便益に寄与し、近代国家の興隆に貢献するという意思のもと設立され、今年で設立127周年を迎えます。

現在、浅草、池袋を起点に広がる鉄道の路線網は、東京・千葉・埼玉・栃木・群馬の1都4

県にわたり、463.3kmにおよぶ営業キロは、関東の民鉄で最長を誇ります。他社との相互直通運転区間の拡大も図っており、元町・中華街等、神奈川方面にも至る広域的なネットワークを形成し、首都圏の交通動脈を担っています。

写真1　スペーシアX

東京都心方面への通勤・通学輸送のほか、浅草・日光・鬼怒川といった全国有数の観光地に加え、「小京都」といわれる栃木・足利・佐野・小川町・武蔵嵐山、「小江戸」といわれる栃木・川越、「関東三大梅林」の一つである越生（おごせ）といった風情溢れる地が沿線にはあります。

2023（令和5）年7月には、東京方面から日光・鬼怒川エリアへ向かう上質なフラッグシップ特急として「スペーシアX」がデビューしました。「2023年度グッドデザイン賞」や「2024年ブルーリボン賞」を受賞し、多くのお客様にご愛顧いただいております（写真1）。

鉄道業の他にも、駅ビルや分譲住宅等の不動産事業を展開し、東武鉄道を中心とする東武グループ67社（2024

〈令和6〉年6月現在）においては、ホテルや旅行会社等のレジャー事業、百貨店やストア等の流通事業等も営み、幅広い分野の事業を担い、沿線とともに歩んできました。

東武鉄道と社有林

東武鉄道が所有する社有林は600ha以上に及びます。なぜ鉄道会社が山林を所有しているのでしょうか？　それは、かつて鉄道のレールを下から支える「枕木」や「駅舎」等を作るための材料として木材が必要だったからです。また、東武鉄道はバスも運行しており（現在、バス部門は分社化）、その昔は木炭もバスの動力としていた時代でありましたので、その木炭の材料となる木等、安定した木材供給の確保のため、そして、宅地開発やレジャー事業用地の確保のため、山林を所有したといわれています。

会社設立当初の記録には「枕木　北海道石狩国に発注」と残されており、北海道から関東まで運搬するだけでも一苦労だったことが想像されます。さらには、戦争による資材高騰を受け、枕木の価格が2倍、木炭の価格は2・8倍と膨れ上がっていったことで、資材を確保するために山林を所有することが重要だったことがうかがえます。

現在、枕木は木製からコンクリート製へ、駅舎も鉄・コンクリートが資材になり、バスは軽油や水素エネルギーで走るようになりました。時代とともに、動力や資材として山林の木材を使用する機会は少なくなり、広大な社有林が残ることになったのです。

J-クレジットで森林整備資金を確保

さて、この広大な社有林をどうするか。一部は分譲地やレジャー施設等に形を変えたものの、多くの社有林は低未利用の資産となっていました。

山林の管理方法を検討していく中で、当社はJ-クレジットの前身であるJ-VER制度を活用し、2013（平成25）年、栃木県宇都宮市の篠井(しのい)山林53・3haにおいて、J-VER797t-CO_2を創出しました。この取組はクレジット取得を通じて社有林の整備資金を確保し、環境への貢献を図ることを目的に行ったもので、鉄道会社としては、南海電気鉄道に次ぐ2つ目のクレジット創出会社となりました。

そして2023（令和5）年、栃木県宇都宮市の篠井山林62・7haにおけるJ-クレジット創出プロジェクト計画の登録が承認され、同年に計画の一部272t-CO_2のクレジットが

写真２　宇都宮市森林組合による間伐作業
Photo by shinnosuke yoshimori

認証されました。今後、認証対象期間である２０３８年度までに約４８００t－CO_2の創出を予定しています。

振り返れば、Ｊ－クレジットを新たに創出することが社内で承認されてから、クレジットの認証・発行まで約1年。「Ｊ－クレジットとは？」というレベルの一社員（私）と創出支援会社（環境経済株式会社様）の担当者と2人で試行錯誤を繰り返し、プロジェクト計画書の作成に奮闘する毎日でした。山林を管理していただいている宇都宮市森林組合様には、Ｊ－クレジット以前から社有林の管理をお願いしており、その信頼関係もあって、こちらのしつこいほどの質問や資料提供のお願いにも対応していただきました（写真２）。また、Ｊ－クレジット事務局の皆様にも助言をいただきながら、どうにかプロジェクト計画書を作りあげることができました。

その後、審査機関によるモニタリングと妥当性審査が行われました。地図上では明確に区切られている林班も、現地ではスギ・ヒノキ・広葉樹が混在し、素人目では樹種の区別もつかない状況でした。また、山を歩く際は地面をつたう蔓に足を取られないよう、草木が生い茂る道なき道を鎌で切り開きながら進みましたが、道路で待機している担当者の声を頼りに来た道を戻ると、全く別の場所に出てしまうこともありました。整備されたハイキング道とは異なり、未知の世界に迷い込んだような体験でした。常日頃、山を整備していただいている方々には本当に頭が下がります。いつもありがとうございます。

こうした過程を経て、最終的に認証委員会からクレジットの認証を受けた際には、ご協力いただいた皆様とメールで「おめでとう」と互いに労い合ったことが、良い思い出となっています。

沿線の企業などにクレジットを販売

クレジットを創出しただけでは、森林整備の費用が捻出できないため、販売先をどうやって見つけるかが次の大きな課題でした。

幸いなことに、最初に創出された272t-CO_2のJ-クレジットが認証されてから1カ月も経たないうちに、以前所属していた部署の担当者から、「J-クレジットが欲しいと言っている会社があるので話を聞いてもらえませんか」との連絡が入り、トントン拍子に話が進み、初顔合わせの席で早々に売買が決定しました。初めてのお客様。それも、先方からの引き合い。本当に嬉しくて、「決まりました！ 売れました!!」と上司に報告したことを覚えています。

後日、店頭に並んだ商品パンフレットの中に、「東武鉄道社有林 篠井山林間伐促進プロジェクト」の文字を見つけた時は感慨もひとしおでした。このパンフレットは店頭からいただいてきて、今でもファイルに大切に保管してあります。

それ以降も、J-クレジット創出の際に交流を得た方の紹介により、複数の企業様の展示会や自社活動のカーボンオフセット用に購入・使用いただいたり、当社沿線の栃木県内の企業様からも、栃木県で創出したクレジットを使用したいとのことでお声がけをいただいたりと、たくさんの方々とのありがたいつながりを得て、着実にクレジットを販売することができています。

東京スカイツリー®にJ-クレジットを活用

「東京スカイツリー®」のライティングにも、当社が創出したＪ－クレジットが使われています。当社では、東武沿線の価値向上や東・東京エリアの活性化に大きく寄与する東京スカイツリーを中心とした大規模複合開発を推進し、２０１２（平成24）年5月22日、「東京スカイツリータウン®」をグランドオープンしました。世界一高い自立式電波塔としてギネス世界記録™に認定された高さ６３４ｍの東京スカイツリーは、開業時よりライティング照明機器にＬＥＤを使用し、省CO_2のライティングを実現して地球環境に配慮してきました（写真３）。

現在、東京スカイツリーは東武グループ企業の東武タワースカイツリー株式会社が運営しています。東武グループでは、環境保全活動を推進しており、Ｊ－クレジットを活用したCO_2実質ゼロの東京スカイツリーのライティングを実現するために、Ｊ－ＶＥＲも含め、３００ｔ－CO_2の当社が創出したクレジットを活用しています。

東京スカイツリーのライティングには大変豊富なバリエーションがあり、「粋（いき）」「雅（みやび）」「幟（のぼり）」の通常ライティングの他に、お正月やクリスマス等の季節に応じたもの、東京スカイツリーで開催されるイベントのキャラクター等をイメージしたもの、震災復興祈念や乳がん知識啓発

写真３　東京スカイツリー　©TOKYO-SKYTREE

キャンペーン等々、たくさんの特別なライティングが生みだされ、東京の夜を彩っています。

東京スカイツリー®は、２０２４（令和６）年に開業12周年を迎え、東京スカイツリータウンには、開業以来、累計３億８３９０万人（２０１２〈平成24〉年５月22日～２０２４〈令和６〉年５月21日まで）を超える方に来場いただいております。日本のみならず、世界各国から訪れるお客様がご覧になる東京スカイツリーの光は、Ｊ－クレジットとＬＥＤによって放たれた環境に優しい光であることも、皆様に感じていただければ幸いです。

日本のランドマークである東京スカイツリーが行うこの環境に配慮した取組が、全国の観光地に広がり、持続可能な未来を築く開発目標（ＳＤＧｓ）の達成や、環境保全に意識を向ける機会になったら素敵だなと考えています。

東京スカイツリーにお越しの際は、夜にきらめくライティングを、ぜひ、お楽しみください。

東武鉄道の目指す環境経営

当社では地球環境保全を企業の使命と自覚し、「環境保全」と「企業の成長」の両立を図り、組織的、継続的に環境問題に取り組むとの決意のもと、環境保全活動を推進しています。

中でも、山林は国土の保全、水源涵養、災害の防止、生物多様性の保全・形成等の様々な機能を持ち、CO_2を吸収・貯蔵する機能は、地球温暖化防止に大きな役割を担っており、これからも育てていく重要性を感じています。

大切な資産である山林を活用し、これまでもJ－クレジットの創出のほか、「体験学習会」や間伐材を利用した「駅舎の装飾や駅ベンチの設置」「グループ会社が行うスポーツ大会のノベルティ作成」「イベント時の環境活動」等を行ってきました（写真4、5）。これからも当社は、沿線自治体や地元森林組合、沿線ボランティアの皆様たちとのつながりを大切にしながら環境保全に努め、山林を活かした活動を継続してまいります。そして、私たちの未来がより持続可能で豊かなものになることを願っています。

写真４　間伐材を使用した東武日光駅待合室のベンチ

写真５　イベントでの植樹体験

島根県出雲市
民間事業体によるＪ-クレジット制度の活用
「出雲の森プロジェクト」で循環型林業を促進

反田　和樹／須山木材株式会社 総務部Ｊ-クレジット担当

本業の製材業と社有林1000haの管理事業

弊社は島根県出雲市で木造住宅に必要な木材や建材の販売とプレカット加工を主要業務としている会社です。１８７７（明治10）年に創業し、木挽屋として手挽製材からスタートしました。今から30年ほど前にプレカット事業を開始し、現在では月間１２０棟余りの一般住宅と非住宅物件の加工を担っています。一方で、最近では木材を使用したキャンプ用品・アロマ・ＤＩＹ商品などの雑貨を販売するＥＣサイトを立ち上げるなど、住宅部材だけでなく、新商品・サー

写真１　社有林 1000ha の植林・育林・間伐にも注力

ビスの開発なども積極的に進めています。

また、１０００haの社有林の植林・育林・間伐など森林保全事業にも注力しています（写真1）。

ヨーロッパで見た新たな潮流

弊社代表が輸入材の買い付けでヨーロッパへ行った際、現地で10年ほど前から排出権取引について議論がなされているのを見聞きしました。現地へ行く度に気候変動に対する意識や環境保護の機運が高まり、企業がカーボンオフセットを取り入れるなど、クレジット創出の動きが活発になっていることを肌で感じていました。

当初ヨーロッパでは企業における排出権取引への参加は任意でしたが、現在では制度の強化により排出権取引を行わない企業は活動が一部制限されるような状況になっています。「いずれは日本でも同様の潮流が生まれるのでは」と感じていたタイミングで、地方銀行の山陰合同銀行よりクレジット創出に向けたお話をいただいたことがＪ－クレジット制度に注目したきっかけです。また、弊社では創業当初から山林経営を行っており、「循環型林業促進の一助になるのでは」との考えからクレジット創出に踏み切りました。

森林組合・コンサルと連携で１１６２ｔ－CO_2のクレジットを発行

ただ、Ｊ－クレジットといった名称は聞いたことがある程度で、認証に向けた手続きに関しては手探り状態でした。そこで、申請業務はＪ－クレジット制度事務局の「申請支援制度」を活用してコンサルティング会社の協力のもとに取り組みました。

発行までに、①プロジェクト計画書の作成、②第三者機関による計画書の妥当性確認、③モニタリング報告書の作成、④第三者機関による吸収量の検証、⑤Ｊ－クレジット制度事務局での認証、の５つのプロセスが必要でした。

まず①では、策定されている森林経営計画書のうち間伐等の履歴があるか確認を行います。伐採届等の証明書がないと対象面積に含めることができないとのことで、対象となる面積を特定することから始まりました。候補地は全体で250haほどありましたが、そのうち125haが対象となりました。対象範囲が特定されたあとは、エクセルシートに経営計画策定時の測量情報と地位（土壌肥沃度）を打ち込み、年間の生長量から大まかな吸収量を求め、計画書を作成しました。

②では、第三者機関が作成した計画書と現地確認を行って、「実施要綱」「実施規程」等の要件に適合していることを確認いただき、2017（平成29）年2月に「出雲の森プロジェクト」が登録されました。

③では、プロジェクト登録した対象面積のうち、代表的な対象エリアを選定して実測しました。実際の作業内容は胸高直径と樹高を測り、土壌の肥沃度を判定して、正確な吸収量を求めるために実施するものです。調査は森林組合にご指導いただきながら行いました。初めてで不慣れな作業だったことと、夏場の暑い中での作業だったこともあり、測定にはかなり時間がかかったと記憶しています。

④では、②と同じ要領で、現地確認および報告書の確認によって要件に適合しているか判断

していただきました。

⑤では、最終的に作成した資料を揃えて1年間分の吸収量の発行手続きをし、J-クレジット認証委員会の承認をもって、2018（平成30）年3月に1162t-CO_2発行の運びとなりました。

クレジットを創出するには審査機関による審査や、それらの審査書類で森林の状態を細部まで報告する必要があり、その準備に多くの時間を要し、結果的にはクレジット創出を決意してから創出するまでに3年を要しました。

企業PRにつながる仕組みづくり　調印式開催・木の楯を贈呈

J-クレジットを発行後、パンフレットを作成し、森林保護活動に熱心に取り組んでいらっしゃる山陰合同銀行と提携し、広報活動と販売活動をスタートしました。

地方銀行のネットワークを活用した環境意識の高い企業へ紹介いただくことで、幅広い業種との接点が生まれ、新聞等にも取り上げられるようになり、広く広報活動を行うことができました。

写真２　調印式の開催は、Ｊ-クレジットに関わった全員が環境への貢献をアピールできる場につながっている

また購入の証しとして、木製の楯を贈呈することと調印式の開催をセットとし、購入者がメリットを実感できるよう設定しました。特に調印式では、マスコミへのプレスリリースを行い、調印式の様子を取り上げていただくことで、地域へのPRとなるように図っています。調印式の開催は、購入者、仲介者、創出者がWin-Winの関係になれるよう、クレジット売買による直接的な環境貢献に加え、クレジットに関わった全員が間接的に環境への貢献をアピールできる場となったのが印象深いです（写真2）。

また、本業ではご縁のなかった様々な業種の方とJ-クレジットの取り引きを通して関わることができた点も良かったと思っていま

写真３　クレジットの購入企業と植林体験を交えた山林ツアーを開催

す。クレジットを創出した当初は、工場を運営している製造業や建設業の方から購入されるだろうと予想していました。しかし実際には、居酒屋チェーンやケーキ屋、ゲームセンターなど多岐にわたる業種、幅広い地域の方からご購入いただき、多くの方と接点を持たせていただきました。

過去には調印式後に購入者から実際に現地を見てみたいとの要望があり、植林体験を交えた山林ツアーを開催しました（写真３）。当日は観光地や弊社の工場見学、山林散策とモミの木の記念植樹を体験していただき、購入者にとって記念となる企画につながりました。このことは、取り引きだけで完結させない仕組みも作れるのだと感じる良い機会とな

表　J-クレジット販売実績

年	販売件数（件）	販売数量（t-CO_2）	備考
2018	1	171	
2019	3	122	
2020	0	0	
2021	8	138	
2022	6	46	ごうぎんDUOコレ※1による取引含む
2023	5	230	
2024	4	123	
合計	27	830	

※1　クレジットカードポイント交換制度

りました。今後も購入者のご希望に沿った取組を開催したいと考えています。

これまでに830t-CO_2を販売

クレジットの最小販売単位を10t-CO_2としており、100t-CO_2以上まとめて購入される場合もありますが、多くは10t-CO_2前後です。現在では、地方銀行2行との提携による仲介でこれまでに830t-CO_2を売買しました。また、2022（令和4）年からは山陰合同銀行と協力して「クレジットカードポイント交換制度」を開始し、1口2t-CO_2からクレジットカードの利用により貯まったポイントをJ-クレジットと交換することが可能になりました。

クレジット発行当初の3年間の取引件数は4件と低調

でしたが、直近3年間では23件と需要が増しているように感じています。東京証券取引所では2023（令和5）年10月からカーボン・クレジット市場の開設が予定されており、SDGsやESG投資に対する意識の高まりからJ-クレジットが更に普及するのではないかと予想しています（表）。

最近では直接会社へ問い合わせをいただくことも増えています。中には温対法（地球温暖化対策の推進に関する法律）の報告に活用したいなどの問い合わせも寄せられるため、購入者の要望に応えられるよう対応していきたいと感じています。

2023年2月28日に、2回目の認証申請を実施しました。過去5年間に係わる吸収量6052t-CO_2を申請し、6月28日に開催された認証委員会で認められ発行されました。

今後の展望

今後の展望としては、持続的な環境保護と経済の両立を実現していきたいと考えています。日本では国内で使用される木材の大半を輸入に頼っているのが現状です。少し前には、ウッドショックと呼ばれる輸入木材の価格高騰が深刻な問題となりました。コロナ禍によってアメリ

図　J-クレジットによる循環型林業

カで住宅ブームが起き、木材の需給バランスが崩れた影響で日本に入ってくる輸入木材が極端に減り、それまで活用の機会が奪われていた国産材の需要が高まり国産材価格の高騰と品薄状況が続く時期がありました。

他にも気候変動対策の観点から東南アジアで森林伐採が規制されるなど木材輸入の見通しも厳しく、将来的に国内では木材不足に陥るのではと危惧しています。そのような情勢を踏まえ、自社で森林を保有・管理し、国産材を生み出すことは非常に価値があるものと考えています。本業の製材業とともに、社有林を管理することでJ-クレジットを創出し、そこで得た資金は森林の管理保全に還元し、森林が豊かになることで木材事業も更に活性化させるという循環を作っていきたいと考えています（図）。

このような取組のひとつひとつによって、森林と経済がともに活性化され、気候変動対策につながると信じています。同様な取組が広がることを願うとともに、クレジットを活用していただくことで、より良い社会をともに作っていくことを目指して、今後も活動していきたいと思っています。

島根県雲南市

民間企業によるJ-クレジット制度の取組
あらゆる生命を育む
循環型サイクルの形成を担う一部になる

竹下　尚志／株式会社たなべたたらの里 山林部J-クレジット担当

豊かな自然の恵みを受けて

弊社は、鎌倉時代に現在の和歌山県の紀州田辺より島根県雲南市吉田町に移り住み750年、木炭業・製鉄業を生業としてきました。中国山地の良質な砂鉄と豊かな森林資源の中で生き、山林事業、特産事業、造園・建築事業、飲食事業を主要業務とする株式会社田部としてこの地

写真１　日本古来の製鉄たたら吹きを継承する「たたら事業」

域で豊かな自然に育まれながら発展してきました。

２０２１（令和３）年10月、育林・素材生産・森林保全などの「山林事業」、養鶏・卵を使った加工品を販売する「特産事業」、日本古来の製鉄たたら吹きを継承する「たたら事業」（写真１）、フォレストアドベンチャー運営・里山活性などの「地域開発事業」を展開する株式会社たなべたたらの里として株式会社田部から分社化した企業です。

弊社の山林事業ではグループ会社所有林を合わせ約４０００haの社有林の山林管理を行っており、収穫期を迎えた山林は主伐を行い再造林し、「伐って・使って・植えて・育てる」循環型林業を実施しています。

申請支援制度活用でプロジェクト立ち上げ

たたら製鉄には大量の炭が必要で、持続的に豊富な山の恵みを受けるために、弊社では前述のとおり古来より循環型林業を実施してきました。5世紀半にわたり山からの恵みを受け山に携わる仕事をしてきた弊社は、森林整備をとおして地球温暖化防止対策としてCO_2削減に率先して取り組んできた経緯から、2011（平成23）年に、当時のオフセット・クレジット（J-VER）制度にプロジェクト登録することを決めました。

しかし、いざクレジット創出といっても、何をどうしたらいいのかもわからない状態からのスタートでした。そこでオフセット・クレジット（J-VER）制度事務局に問い合わせたところ申請支援制度があることを知り、2012（平成24）年「島根県における株式会社田部グループの森林吸収プロジェクト」を立ち上げ、モニタリング支援業者に協力していただきながらクレジット発行に向け動き始めました。

まずは、社有林の中から面積が広く、極端な急傾斜が少なく、測量のしやすい平均的な成長が見られる山を3カ所に絞り込みました。そして、オフセット・クレジット制度のモニタリング実施支援事業を活用し、面積の測量・樹高と胸高直径を測りプロット調査をしたデータをもとにモニタリング支援業者に支援してもらいながら、２０１３（平成25）年の認証を目指しプロジェクト計画書、モニタリング報告書などの申請書類を作成しました。

この測量は樹種ごとに分けて測る必要があり、林内のヤブと冬場の雪で歩きにくく、面積を測ることにかなり苦戦をしたことを覚えています。測量におよそ3カ月もの期間がかかってしまいましたが、苦労して測量した結果、提出した申請書類の第三者審査機関の検証も無事に通過し、２０１３（平成25）年3月12日にオフセット・クレジット（Ｊ－ＶＥＲ）認証委員会の承認を受けました。認証面積は１４７・72 haで３０２４t－CO_2クレジットの発行となりました。

なお、Ｊ－クレジット制度は２０１３年度より国内クレジット制度とオフセット・クレジット（Ｊ－ＶＥＲ）制度が発展的に統合され国が運営する制度となりました。

地元企業との連携でクレジット販売

Ｊ－クレジット発行後、目に見えないものをどう販売したらいいのか不安はありましたが、地元銀行やテレビ関係会社と連携しながら広報活動や企画販売をしていき、現在までに２６１９t－CO_2購入していただきました（表）。また購入していただいたお客様にはカーボンオフセットの証明として木の楯を贈呈したり、植樹祭を開き植樹体験をしていただいたりしています。

弊社のクレジットを購入されたお客様が事業活動で排出したCO^2をオフセットするという目的だけではなく、近年、積極的に取り組まれているＳＤＧｓや地域貢献、森林・環境保全活動でも弊社の山林事業の取組や活動で貢献して行けたら幸いです。

表　販売実績

購入年度	購入量（t-CO_2）
2014	35
2015	35
2016	30
2017	10
2018	110
2019	10
2021	330
2022	2,005
2023	54

新たなるスタート

また、２０２１（令和３）年に分社化した弊社は「株式会社たなべたたらの里」となり（写真２）、２０２３（令和５）年に株式会社田部からＪ－クレジット事業を引き継ぎ、新たに森林経営活動の「島根県におけるたなべたたらの里森林吸収プロジェクト」として社有林およそ４０００haの中から島根県雲南市吉田町を中心に２５７３haの森林をプロジェクト登録し、そのうち

写真2　株式会社たなべたたらの里「植樹の森」

576haをプロジェクト実施地として登録しました。

森林経営計画に沿って適切に森林経営保護活動を行いクレジット創出に向けて2024（令和6）年度の認証審査費用支援に募集する計画で、再び支援を受けながらのクレジット認証を目標に新たなスタートを切りました。

J-クレジット制度の森林系の方法論では主伐を行うと地上部・地下部バイオマスが減少することによる排出量が増加すると考えられ吸収量から引かれてしまうのが難点で、造林・保育・間伐事業を計画どおりに行い、主伐とのバランスを考えながら施業する必要があります。

写真３　クレジット購入を機に植樹活動へ参加する企業もある

今後の展望

今後の展望としまして、ドローンや衛星データを取り入れた調査方法を身につけ、針葉樹だけではなく広葉樹も視野に入れたJ-クレジット活用もしていきたいと思っています。

弊社の他部署営業、地元銀行とテレビ関係会社とも引き続き連携を取り、「森林を整備することで災害を防ぎ、山が水を貯え川から海へと、あらゆる生命を育む循環型サイクルの形成を担う一部になる」をモットーに、弊社の理念に賛同くださるお客様にクレジットを購入していただき、植樹祭などをとおして自然環境を後世に伝えていくパートナーとして、一緒に森林経営活動をしていきたいです（写真３）。

そして、Ｊ‐クレジットを販売して得た資金を森林整備の費用に充て、より豊かで美しい森林づくりを進めていきたい。弊社創出クレジットを購入されたお客様、地域住民の方々、学校、自治体と一緒に「魅せる山、遊べる山、学べる山、人を呼び込む山」として、山を通じて産業振興・人口増加効果などにつながるような活動を、今後も引き続き行っていきたいと思っています。

■ 事例編３　森林組合・生産森林組合・財産区

大久保 裕貴（おおくぼ ゆうき）
根羽村森林組合 総務課長

澤 幸司（さわ こうじ）
金勝生産森林組合 組合長理事

吉弘 辰一（よしひろ しんいち）
福岡県久留米市田主丸財産区　区議会議長・吉弘製材所代表

■ 事例編４　営利法人

関口 弘（せきぐち ひろし）
株式会社栃毛木材工業 代表取締役

植木 彩恵（うえき あやえ）
東武鉄道株式会社 資産管理部課長補佐

反田 和樹（たんだ かずき）
須山木材株式会社 総務部Ｊ-クレジット担当

竹下 尚志（たけした ひさし）
株式会社たなべたたらの里 山林部Ｊ-クレジット担当

本書の執筆者

解説編

飯田　俊平（いいだ　しゅんぺい）
林野庁　森林利用課　森林吸収源企画班　課長補佐

事例編１　自治体

吉永　章人（よしなが　あきと）
静岡県経済産業部　森林・林業局　森林計画課

小倉　浩揮（おぐら　ひろき）
北海道美深町建設水道課　建設林務グループ耕地林務係長

中山　雄二（なかやま　ゆうじ）
前・北海道中標津町農林課　林務係長

久保　隆（くぼ　たかし）
福島県喜多方市産業部　農山村振興課　森林整備係長

妹尾　辰郎（せのお　たつろう）
岡山県西粟倉村　産業観光課　主事

事例編２　公社・団体

鎌倉　満行（かまくら　みつゆき）
公益社団法人とくしま森林バンク　理事長

狩野　渉（かりの　わたる）
公益社団法人長崎県林業公社　総務課長

林業改良普及双書 No.209

事例にみる 林業に活かすＪ-クレジット制度

2025年2月5日　初版発行

編　者 ―― 全国林業改良普及協会

発行者 ―― 中山 聡

発行所 ―― 全国林業改良普及協会
〒100-0014 東京都千代田区永田町1-11-30
サウスヒル永田町5F
電 話　03-3500-5030
注文FAX　03-3500-5039
H P　http://www. ringyou.or.jp
MAIL　zenrinkyou@ringyou.or.jp

装　幀 ―― 野沢 清子

印刷・製本 ―― 奥村印刷株式会社

ISBN978-4-88138-463-3

一般社団法人 全国林業改良普及協会（全林協）は、会員である都道府県の林業改良普及協会（一部山林協会等含む）と連携・協力して、出版をはじめとした森林・林業に関する情報発信および普及に取り組んでいます。
全体協の月刊「林業新知識」、月刊「現代林業」、単行本は、下記で紹介している協会からも購入いただけます。
http://www.ringyou.or.jp/about/organization.html
〈都道府県の林業改良普及協会（一部山林協会等含む）一覧〉